Katrin Bongard

Es war die Nachtigall

Katrin Bongard

Es war die Nachtigall

Carl Hanser Verlag

HANSER hey! Schau vorbei und
teile dein Leseglück auf Instagram

1. Auflage 2020

ISBN 978-3-446-26609-4

Umschlag: Irmela Schautz, Berlin
Satz im Verlag
Druck und Bindung: Friedrich Pustet, Regensburg
Printed in Germany

FSC
www.fsc.org
MIX
Papier aus verantwortungsvollen Quellen
FSC® C014889

Um Hass geht's hier, doch mehr um Liebe noch.
William Shakespeare, *Romeo und Julia*

Für das Herz ist das Leben einfach: Es schlägt, solange es kann.
Karl Ove Knausgård, *Sterben*

#fridaysforfuture

Prolog

Die alte Dorfkirche ist klein und, weil niemand mit dem großen Andrang gerechnet hat, so voll, dass nicht alle einen Platz finden. Die Sitzenden rücken zusammen, andere stellen sich nach hinten oder in den Gang zwischen die Bankreihen. Als wäre es abgesprochen, verteilen sich die Besucher an diesem Tag auf die beiden Seiten der Kirche.

Auf der rechten Seite tragen sie dunkle Lodenjacken, die Männer haben ihre Hüte abgenommen und auf den Schoß gelegt, die Frauen sind schwarz oder dunkelgrün gekleidet, die Mädchen festlich, die Jungen haben kurze Haare und sehen ernst und stumm zum Altar.

Auf der anderen Seite sind es dunkle T-Shirts von Sea Shepherd oder Greenpeace, dazu bunte Tücher und Turnschuhe. Es ist warm, Sommer, doch in der Kirche ist es kühl.

Es wird geflüstert, bis der Pfarrer nach vorne tritt und allein durch seine Anwesenheit Ruhe eintritt.

Ein Jahr nach dem Unglück folgt der Gedenkgottesdienst nur lose der Liturgie. Nach den einleitenden Worten des Pfarrers sprechen die Mütter. Als Erstes Gesa Nansen. Ihr schwarzes Leinenkleid ist zerknittert und wirkt fremd an der großen, selbstbewussten Frau.

Oben auf der Kanzel starrt sie auf die emotionslose Nachricht aus der Zeitung, die ihr die Endgültigkeit von Maries Tod klargemacht hat. Nicht, als sie von dem Unfall hörte, nicht bei der Identifizierung im Krankenhaus, erst als diese Nachricht schwarz auf weiß vor ihr lag, wurde es wahr, konnte sie weinen.

Auch jetzt spürt sie die Tränen, die herausmüssen, die sie aber nicht loslassen will, weil sie nicht weiß, was sie anrichten werden. Bei ihr, bei den Zwillingen, bei ihrem Mann, der sich verändert hat seitdem. *Noch nicht.* Sie hat eine Rede vorbereitet, etwas Aufwühlendes, Politisches, weil Maries Tod nicht umsonst sein soll, aber jetzt, hier in der Kirche kommt ihr eine Ansprache fehl am Platz vor. Überhaupt falsch.

»Marie fehlt uns. Sehr«, sagt sie stattdessen. »Ich versuche mir seit einem Jahr zu erklären, warum das passiert ist. Das Einzige, was mir immer wieder einfällt, ist Maries Wille und Wunsch, den Dingen auf den Grund zu gehen. Alles zu erforschen. Es sich ganz genau anzusehen. Alles, was nicht zu verstehen ist, verstehen zu wollen. Ich habe mir immer eingebildet, sie hätte das von uns, ihren Eltern, aber ihre Offenheit war besonders. Sie ging tiefer. Ihr war es wichtig, Antworten auf Fragen zu finden, die wir uns schon lange nicht mehr gestellt haben.

Wir müssen uns zuhören, wir müssen uns besser verstehen. Uns akzeptieren. Andere Meinungen, andere Leben.

Das hat sie gesagt, nicht ich. Ich bin froh, dass wir heute hier sind, weil wir dies gemeinsam versuchen wollen.«

Gesa Nansen macht eine Pause. Sie weiß, die meisten sind jung im Raum, sie wollen zurück ins Leben. Gesa Nansen will nicht zurück ins Leben. Noch nicht. Sein Kind zu verlieren – macht sprachlos. Alles, was man sagt, vergrößert den Schmerz. Andere Dinge werden klein, nichtig, so winzig, dass man sich fragt, wieso man ihnen in der Vergangenheit so viel Aufmerksamkeit geschenkt hat. Arbeit, Politik, der Kampf gegen was auch immer. Bevor die Pause zu lang wird, befeuchtet Gesa Nansen ihre Lippen, unsicher, was sie sagen wird.

»Liebe Familie von Brockdorff, ich würde mir wünschen, dass wir nicht nur unseren Streit beilegen, sondern einen gemeinsamen Weg finden, diese Erde zu einem besseren Ort zu machen. Für unsere Kinder, für alle Menschen.«

Sie steigt von der Kanzel, geht zu ihrem Platz.

Der Pfarrer nickt Frau von Brockdorff zu. Würde man nicht mehr über die beiden Frauen wissen, könnte man sie für Freundinnen halten, gegensätzlich, doch verbunden durch viele gemeinsame Erfahrungen, dabei ist es nur eine.

Cornelia von Brockdorff hatte Angst, dass es ihr schwerfallen würde zu sprechen. Sie es vielleicht gar nicht schaffen würde. Sie hat einen Angriff erwartet, Beschuldigungen, war vorbereitet. Doch jetzt über den Wald zu sprechen, die Natur, die Jagd – erscheint ihr überflüssig. Die Jäger zu verteidigen – nicht wichtig.

Stattdessen springt eine Erinnerung auf, etwas, was sie lange gut verdrängt hat. Mit Pillen, mit Geschäftigkeit. Darüber will sie reden.

»Vor sechs Jahren, als unser Sohn Conrad hier in der Nähe gestorben ist, hat Ludwig mich gefragt: *Warum sterben Menschen? Warum ist die Welt nicht so, wie ich sie mir wünsche? Besser?*«

Ein Raunen geht durch den Raum. Sie wartet, bis wieder Stille einkehrt. Auch sie braucht den Moment, um weitersprechen zu können. Als sie wieder ansetzt, ist ihre Stimme brüchig.

»Ich habe den Tod von Ludwig lange nicht wahrhaben wollen. Nach Gründen gesucht. Ich habe mich gefragt, ob Ludwig die Schuld der Jäger auf sich genommen hat? Ob er sich verantwortlich gefühlt hat für das, was in unserem Wald geschieht? Oder für das Mädchen, das er erst so kurz kannte? Doch am Ende gibt es wohl nur eine Antwort: Ludwig hat aus Liebe gehandelt. Sogar sein Leben war ihm weniger wichtig als diese Liebe.« Sie macht eine Pause, überlegt, ob sie es ansprechen soll. Dann ist sie sich sicher. Jetzt ist der Zeitpunkt dafür.

»Wie Ludwig gestorben ist – ist für viele ein Tabu. Etwas, worüber man nicht sprechen sollte, was nichts Positives haben darf. Sinnlos, sagen viele. Doch ich habe etwas von Ludwig gelernt«, sagt sie langsam. »Und zwar, dass es wichtig ist, nicht aus Hass, sondern aus Liebe zu handeln. Das wünsche ich mir für uns alle und für die Zukunft.«

Sie sieht auf und nickt zu der Bankseite, wo Familie Nansen sitzt.

Die Stille tut ihr gut. So müsste es immer sein, die Stimmen sollen aufhören, die in ihrem Kopf schreien, als ob sie es jetzt noch verhindern könnte, die Zeit zurückdrehen, es rückgängig machen.

Sie geht steif zurück auf ihren Platz, setzt sich. Der Chor tritt auf, die Orgel spielt, die Musik verbindet.

Sie beugt sich vor, blickt zur anderen Seite der Kirche. Sie will nicht länger so tun, als ob alles noch beim Alten wäre. Und obwohl sie die Tradition schätzt und immer an ihr festgehalten hat, spürt sie die Veränderung deutlich, die jetzt nötig ist. Für Ludwig, für Marie, für das Leben.

Ein Jahr davor

1

Dunkel die Nacht

– Marie –

Was trägt man, wenn man plant, dreißig Hennen aus einer Legebatterie zu befreien? Ich stehe ratlos vor meinem Kleiderschrank. *Marie, das ist keine Party!* Ich weiß. Ganz im Gegenteil, und mir ist schon jetzt klar, dass ich alles, was ich heute tragen werde, danach nie wieder anziehen kann. Ich krame tief im Schrank nach der alten schwarzen Jeans, die immer so schlecht am Po saß und die ich nur aufgehoben habe, weil ich irgendwann bei meinen Eltern ausziehen werde und sie dann tragen kann, wenn ich meine neue Wohnung renoviere. Aber vermutlich ziehe ich sowieso mit Timo in irgendeine WG und überhaupt. *Sei nicht so nervös, es ist alles gut geplant*. Ich sehe auf die Uhr, ich sollte mich beeilen. Also die Jeans, ein schwarzes T-Shirt. Ich ziehe beides über, und obwohl es Sommer ist, dazu noch ein schwarzes Sweatshirt, nachts wird es kalt. *Catwoman*, denke ich, als ich mich im Spiegel betrachte. Grüne Augen starren mich an. Na gut, es fehlt die Maske, und meine langen braunen Rastalocken sind mehr als auffällig. Ich binde sie zu einem losen Knoten im Nacken zusammen.

Ich tue das Richtige, oder? Die Leute von *Tierretter* wissen Bescheid, sie haben das ausgekundschaftet. Und ich dokumentiere nur. Weil jemand es festhalten, der Welt zeigen muss: Diese Kleingruppenhaltung ist Tierquälerei. Von wegen neue, auf wissenschaftlicher

Basis entwickelte Haltungsform. *Pah!* Ich schließe die Augen, versuche mir das vorzustellen: In einer Kleingruppe sind 20 bis 60 Hennen. Wie viel Platz werden sie brauchen? *Die Bedürfnisse der Tiere sind durch ein ausreichendes Platzangebot berücksichtigt*, heißt es auf deren Website. *Ach ja?* Jede Henne hat Anspruch auf 800–900 Quadratzentimeter. Das ist nur etwas mehr als ein DIN-A4-Blatt. Kein Wunder, dass die Hennen sich kaum bewegen können. Ich boxe in die Luft. Ich sehe die Bonzen der Geflügelmafia vor mir, die nicht sagen, worum es eigentlich geht. Um die Eier und um das Geld, was sie einbringen, den Profit. *Das deutsche Ei – ein starkes Stück*. Nur, dass man vergessen hat, wem man das Ei zu verdanken hat. Den Hennen! 800 Quadratzentimeter. Niemanden kümmert es, dass es Lebewesen sind, geboren wie wir, lebendig wie wir. Mit einem Herzen und einem Gehirn, auch wenn es winzig ist. Tiere, die ein Recht auf ein würdiges Leben haben. Aber 800 Quadratzentimeter sind nicht würdig.

Eine Turmuhr schlägt einmal, zweimal. Zwei Uhr nachts. Um fünf geht die Sonne auf, ab vier wird es schon langsam hell. Wir haben zwei Stunden. Ein leises *Pling* auf meinem Handy. Ich gehe zur Balkontür und sehe runter auf die Straße. Timo ist da. Er wirkt ruhig, gar nicht aufgeregt, doch ich weiß, das sieht nur von hier so aus. Ich winke kurz zurück, starre auf die Gestalt dort unten auf der Straße, reiße mich dann los. Schleiche die Treppe hinunter, die wie immer leicht knarzt, als wollte sie mich daran erinnern, noch leise zu sein.

Unten maunzt mir Prinz entgegen. Der schwarze Kater streicht mir um die Beine, sieht fordernd zu mir auf. Ich habe ihn auf der Straße gefunden und hochgepäppelt. Hey, ich habe ihm das Leben gerettet! Und er? Fordert neben dem allerbesten Futter auch noch ständige Aufmerksamkeit. Ich beuge mich herunter, kraule ihn sanft.

»Du bist wirklich ein Prinz«, flüstere ich.

Er ist ein ganz besonderer Kater, und er weiß das. Manchmal denke ich, er kann meine Gedanken lesen. Weiß, wie aufgeregt ich bin, und beruhigt mich. Ich ziehe mir meine Turnschuhe über, hänge mir meine Tasche um, flüstere: »Warte auf mich, Prinz.«

Ich verlasse leise das Haus, den Garten, atme auf. *Geschafft.* Meine Eltern denken, ich bin auf einer Party, obwohl ich selten feiern gehe. Aber selbst wenn ich sie treffe, wenn ich um vier oder fünf zurückkomme, was an einem Samstagmorgen sehr unwahrscheinlich ist, ist es okay. Ich bin immerhin sechzehn. Und meine Eltern sind cool.

Timo und ich begrüßen uns kurz, ich spüre, dass auch er nervös ist. Obwohl wir schon einiges zusammen gemacht haben, was verboten ist. Aber da war es irgendwie anders, die Gruppe größer.

»Hast du alles dabei?«, flüstert er, als wir ein paar Schritte gegangen sind.

»Die Kamera, zwei Akkus, ein Extralicht, einen Zusatzakku. Und du?«

Er schlägt das Leder seiner Umhängetasche zurück. Timos Eltern sind Ärzte und arbeiten im Krankenhaus, also war es Timos Aufgabe, Überziehschuhe und Papieroveralls zu besorgen. Er nimmt einen Mundschutz und hält ihn sich vors Gesicht. Grinst, was ich trotz der Maske an seinen Augen erkenne. Ich ziehe den Mundschutz herunter.

»Ich dachte, es ist eine offene Tierbefreiung. Jeder zeigt sich.«

Timo zuckt mit den Schultern. »Willst du Vogelgrippe bekommen? Wir sind hinter der Kamera. Wenn alle sterben, sind wir die Einzigen, die von der Sache berichten können.«

»Sehr witzig.«

Timo wird immer albern, wenn er aufgeregt ist.

»Außerdem«, sagt er und zieht mich hinter einen der Straßenbäume, als ein Auto vorbeifährt. »Bist du vorbestraft. Hausfriedensbruch. Die Greenpeace-Aktion? Schon vergessen? Was ist, wenn sie dich erkennen und festnehmen?«

Timo hat recht, obwohl ich nicht vorhabe, mich zu verstecken.

»Ich muss pinkeln.«

Timo stöhnt. »Jetzt schon? Hast du nicht gerade ein Haus mit perfekten sanitären Anlagen verlassen?«

»Ich wollte meine Eltern nicht aufwecken. Spülen und so.«

»Du bist aufgeregt.«

Ich grinse. »Du auch.«

Am S-Bahndamm stehen dichte Sträucher, perfekt. Als ich aus dem Gebüsch komme, reicht Timo mir ein Desinfektionstuch. Ich verdrehe die Augen. Als Sohn von Ärzten hat er eine ausgewachsene Keimparanoia. Ich wische mir brav die Hände ab, stecke das Tuch ein. Aber das heißt nicht, dass ich seine Argumente akzeptiere.

»Ich will mich zeigen. Wenn wir uns einschüchtern lassen, ändert sich nie was.«

»Wenn du im Knast sitzt, kannst du gar nichts mehr ändern.«

»Du würdest mich doch ganz sicher befreien.« Ich lächle und halte ihm die Hand zum High five. »Best friends forever!«

Timo schlägt kurz ein, doch er weicht meinem Blick aus. Manchmal ist er komisch in letzter Zeit.

»Da ist der Bus!«

Timo winkt mich über die Straße zu der noch ruhigeren Nebenstraße unseres Villenviertels. Nachts könnte man hier ein Feuer anzünden, und niemand würde es merken. Die meisten Bewohner sind uralte Damen, die allein in diesen Riesenvillen wohnen und meist weder hören noch sehen können. Genau so einer Dame haben meine Eltern vor fünf Jahren unser Haus abgekauft. Ich bin nur froh, dass ich hier nicht meine Kindheit verbracht habe, denn in diesem Villenviertel hätte ich in hundert Jahren niemanden in meinem Alter getroffen.

Der Bus ist ein unscheinbarer grauer Renault Trafic. Als wir uns nähern, steigt Robin aus. Wir kennen ihn erst seit ein paar Wochen, aber ich vertraue ihm, denn wir haben die Videos von *Tierretter* gesehen. Mit ihm. Er tut was, handelt, das imponiert mir. Und er steht dazu. Dass wir mitfahren dürfen, ist auch ein Vertrauensbeweis.

Robin öffnet die hinteren Türen des Wagens. Die zweite Rückbank ist umgeklappt, im Laderaum stehen etwa sechs Tierboxen. Wir stellen unsere Taschen neben die Boxen und steigen an der Seite ein, grüßen kurz die zwei anderen im Bus. Es geht los.

– Ludwig –

Tock, tock, tock.

Ich kenne das Zeichen, aber im Traum verwandelt es sich in einen Vogel, der mir ärgerlich gegen den Kopf pickt, als wollte er dort nisten, was mir ganz normal erscheint. Ich habe viele Nistplätze hinter meiner Stirn, dort schlüpfen ständig Ideen und fliegen dann davon.

Tock, tock, tock.

Herein. Und dann weg. Ich fliege mit ihnen, im hohen Bogen, ein riesiger Schwarm, von dem ich mich loslöse, denn ich habe meine eigene Route. Unter mir der Wald, die Baumkronen, die Nistplätze. Ich muss mich nicht niederlassen. Niemals. Ich kann weiterfliegen. Weiter. Höher. High.

Tock, tock, tock.

Zur Sonne, oder ist es der Mond? So grellweiß gegen den dunklen Himmel, blendet mich, die Decke, der Boden, ich falle und fahre hoch, die Augen aufgerissen, irgendwo zwischen Traum und Wirklichkeit im Dämmerlicht meines Zimmers. Ein Lichtkegel flackert vor dem Fenster. Langsam werde ich wach.

Hubert und seine Monstertaschenlampe. Unser Zeichen. Ich sehe auf mein Handy. Drei Uhr nachts. *Echt jetzt?*

Ich schlage die Decke zurück, gehe zum Fenster, öffne es, lehne mich hinaus. Mein Zimmer liegt ebenerdig, und das ist ganz wörtlich zu nehmen, denn es ist ein alter Gutshof ohne Keller. Hubert steht mir genau gegenüber, reißt eine Flasche Schampus hoch und lüftet seinen Jägerhut.

»Alter!«

Es gab eine Zeit, da waren wir gleich groß und stark, obwohl Hubert ein Jahr älter ist. Aber irgendwann bin ich weiter in die Länge gewachsen, und er ist kräftiger geworden. Was irgendwie zu erwarten war, da alle in meiner Familie groß und eher schlank sind und alle in Huberts Familie breit und kräftig. Trotzdem hatte ich bis dahin das Gefühl, einen Zwilling zu haben, und manchmal sehne ich mich danach zurück.

»Hast du bestanden?«, fragt er.

Ich grinse. »Natürlich. Ich hatte ja auch einen guten Lehrer.«

Hubert grinst zurück. »Das will ich meinen. Wie lief die Schießprüfung?«

»War okay.«

Was stark untertrieben ist. Büchse, Flinte, Kurzwaffe. Obwohl es mich am wenigsten interessiert, habe ich dort am besten abgeschnitten.

»Sauber.«

Hubert setzt mir seinen Jägerhut auf. Es ist ein speckiger, alter Filzhut mit einem echten Gamsbart, den er von seinem Großvater geerbt hat. Huberts Talisman, also ist das hier eine große Geste. Er reißt die Zinkfolie vom Flaschenhals und dreht die Agraffe auf, der Korken ploppt irgendwo auf den großen Hof.

»Auf dich!«

»Willst du nicht reinkommen?«, biete ich an, obwohl es warm ist. Ich könnte draußen nur mit meinen Boxershorts rumlaufen, was ich allerdings nicht vorhabe.

Der Champagner quillt weißschaumig aus der Flasche. Hubert hält sie mir auffordernd hin. Ich nehme einen Schluck. Er prickelt, ein sanfter Geschmack nach Pfirsich. Beste Qualität.

»Wow, wo hast du den her?«

»Weinkeller von Opa. Ich muss mir noch überlegen, wie ich ihn ersetze.«

Ich sehe mir die Flasche an. »Das wird schwierig.«

»Ach, der rührt seine Flaschen sowieso nie an, und am Ende wird er mir eh alles vererben. Warum soll ich warten?« Er nimmt mir die Flasche ab. »Wir leben *jetzt*.« Trinkt einen großen Schluck, wischt sich über den Mund, als wäre es Bier, und sieht mich an.

»Los, zieh dich an.«

»Wieso kommst du nicht rein?«

»Hör mal, Luis, das Grüne Abitur macht man nur einmal im Leben. Und jetzt wird gefeiert, Kasper wartet.«

»Wo?«, sage ich und starre in die Dunkelheit des Hofs, obwohl mir klar ist, dass er dort wohl kaum stehen wird.

»Unser Hochsitz. Jetzt darfst du jagen. Wieso also nicht das Schöne mit dem Angenehmen verbinden?«

Ich spüre eine leichte Übelkeit. Es kann die Müdigkeit sein oder die Aufregung. Der Gedanke, dass es jetzt losgeht. *Richtig*. Weil es einfach noch mal etwas anderes ist, wenn man nur zusieht und dabei ist, wie auf den vielen Jagden mit meinem Vater, oder selbst schießt.

»Jetzt?«

»Irgendwie und -wo müssen wir das feiern.«

»Okay. Aber – ich muss spätestens morgen früh um zehn zurück sein.«

Ich gehe zu meinem Schrank, reiße eine Jeans und ein Shirt heraus, nehme mein Handy, stecke mein Portemonnaie ein, sehe mich kurz um, ob ich das Bett präparieren soll, falls jemand nach mir schaut. *Sicher nicht.* Ich muss nur pünktlich zurück sein. Die Frühstücke am Wochenende sind meinem Vater heilig, und meine Eltern wollen auch mit mir feiern.

»Geht klar«, sagt Hubert, der nicht versteht, warum ich mich überhaupt nach meinen Eltern richte. Aber warum nicht? Sie haben mich die letzten Tage unterstützt, mir den Rücken freigehalten.

Ich steige aus dem Fenster, ziehe es von außen zu, folge Hubert mit der Lampe. Wir gehen über den Hof. Er bleibt abrupt stehen, leuchtet mir ins Gesicht.

»Was ist mit dem Camp? Hast du entschieden, ob du mitkommst?«

»Wie?«

»Bis morgen musst du dich anmelden.«

Das Camp der jungen Jäger. 40 Leute, drei Tage. Etwas über den Wald lernen und jagen. Hubert bearbeitet mich schon seit Wochen, aber ich verdränge es immer wieder. Ich bin nicht gerade der Typ für Gruppenveranstaltungen.

»Das wird gut. Nur die Jungs, wir beide, der Wald.« Er schlägt mir auf die Schulter. »Du musst mal ausspannen.«

Richtig. Die Jägerprüfung und das Abi, die letzten Wochen waren purer Stress. Ich nehme Hubert die Flasche ab, trinke einen großen Schluck Champagner. Es stimmt, ich sollte feiern.

»Wenn du erst studierst, sehen wir uns überhaupt nicht mehr.«

Hubert bleibt bei seinem Jeep stehen und holt den Autoschlüssel raus.

Es stimmt vermutlich. Wenn ich erst studiere ... Agrarwissenschaft, wenn es nach meinem Vater geht, Philosophie, wenn es nach mir geht. *Und das sollte es, oder?* Klar, dann werde ich weggehen. Also ist das Camp etwas für uns, für die Freundschaft.

»Okay.«

»Das wird gut.«

Wir steigen ein. Ich lasse mich auf den Beifahrersitz fallen und federe gleich wieder hoch.

»Verdammt, hast du die Sitzheizung wieder angelassen.«

Hubert grinst. »Alter, vorhin war es kühler.« Er sieht mich an, legt den Kopf schief. »Prinzessin!«

– Marie –

Robin hält vor dem Gelände der Hühnerfarm. Das ist es also. Kleingruppenhaltung. Hunderttausende von Legehennen in einem Gebäude, das wie eine Lagerhalle aussieht. Keine echten Fenster, kein Tageslicht. Ich denke an ein Konzentrationslager. Alle haben mitgemacht. Entschieden, dass manche Leben weniger wert sind. Und wenn man es mit Menschen machen kann, dann mit Hühnern doch erst recht, oder? *Ist das die Einstellung?* Ich öffne die Seitentür, sehe in den Himmel, die Sterne, den Kosmos. Größer, älter, weiser als wir. Der schon da war, bevor wir kamen, und bleiben wird. Ich blinzele, ein Gefühl von Machtlosigkeit. In 50 Jahren werden wir Menschen uns für das schämen, was wir den Tieren angetan haben. Da bin ich mir auf einmal ganz sicher.

Wir steigen aus, holen unsere Ausrüstung, stellen uns im Kreis auf. Ich nehme meine Kamera, drücke Timo das LED-Licht in die Hand und richte das Objektiv auf Robin. Er richtet sich auf, der Blick entschlossen.

»Wir befreien heute dreißig Legehennen aus dieser Anlage. Es geht darum, auf die katastrophalen Zustände in der Kleintierhaltung aufmerksam zu machen. Deshalb sind wir hier. Dies wird eine offene Tierbefreiung, wir zeigen Gesicht.«

Er nimmt Timos Tasche, öffnet sie. Ich halte die Kamera so, dass man die Papieroveralls und Überschuhe sehen kann.

»Wir werden Schutzkleidung tragen«, erklärt Robin, während ich filme. »Zum einen, um die zurückbleibenden Hühner nicht mit Keimen oder Bakterien zu belasten, zum anderen aber auch, um uns selbst vor den Bioaerosolen oder MRSA-Keimen zu schützen, die fast in jeder dieser Anlagen zu finden sind.« Robin sieht auf. »Lasst uns anfangen.«

Wir gehen zum Wagen, um uns umzuziehen, doch Robin hält Timo und mich auf.

»Mir wäre lieber, ihr würdet draußen bleiben und aufpassen. Manchmal fahren die Bullen hier rum. Und wenn der Wachschutz vorbeikommt, könnt ihr uns Bescheid sagen.«

»Aber ich muss doch filmen!«

Robin winkt ab. »Molly hat ein gutes Smartphone, wir nehmen ein Licht mit, das reicht drinnen.«

»Aber ...«, sage ich und verstumme, als Timo mich anstößt.

»Er hat gesagt, er muss spontan entscheiden«, flüstert er mir zu, als Robin sich entfernt.

Obwohl ich die ganze Zeit Angst davor hatte, in den Stall zu gehen, bin ich jetzt enttäuscht. *Aufpassen?* Hier sind noch weniger Menschen oder Autos als in unserem Villenviertel, und das will wirklich etwas heißen.

»Wir sollen hier einfach nur rumstehen? Wozu sind wir dann mitgekommen?«

»Hey, Marie, Robin hat recht. Ein paar Leute sollten Wache halten. Und du bist schon vorbestraft und ...«

»Ja, ja.«

Ich sehe zum Auto, wo Robin und die anderen sich die leichten weißen Papieranzüge überziehen, die Kapuzen aufsetzen und sich die blauen Tüten über die Schuhe ziehen.

Sie kommen zurück. Robin reicht mir den Autoschlüssel.

»Falls es Ärger gibt, fahrt ihr weg und sammelt uns am Treffpunkt ein.«

Der Treffpunkt. Ein Feldweg etwa fünf Kilometer von hier. Falls etwas schiefgeht und sie es nicht zurück zum Auto schaffen.

»Hast du dir einen Pin auf der *Map* gesetzt?«

Ich nicke. *Natürlich*, ich bin immer gut vorbereitet.

Die anderen drei warten hinter Robin. Molly, die ich von den Treffen der Jaggies bei Greenpeace kenne, ein Typ um die dreißig und ein Junge etwa in meinem Alter. Ich kenne sie nicht, und wir müssen keine Namen austauschen, vielleicht ist es sogar besser, damit wir uns später nicht verraten können. Alle tragen Tierboxen.

Timo legt das LED-Licht in eine von Robins Boxen. Dann gehen die vier auf die Anlage zu.

Ich lasse mich am Gitterzaun nach unten rutschen und lege den Kopf in den Nacken. So habe ich mir das nicht vorgestellt. Was habe ich dann am Ende überhaupt getan? *Schmiere gestanden? Großartig.*

»*Verdammt!* Ich wollte über meine Eindrücke bloggen. Anderen davon erzählen. Es in die Welt bringen.«

»Journalistentochter«, sagt Timo trocken.

Ja, stimmt, meine Eltern haben mir das beigebracht: Nur über Dinge zu berichten, mit denen man sich auskennt. Die man recherchiert hat. Oder mit eigenen Augen gesehen hat. Das ist guter Journalismus.

»Was soll ich sagen, wenn ich da nicht drin war?«

Timo rutscht neben mich, stupst mich mit der Schulter an.

»Hey, wir haben hier einen wichtigen Job. Wenn der Wachschutz vorbeikommt …«

»Was dann? Wenn der uns hier sieht, weiß er doch sofort Bescheid.«

»Nicht, wenn wir … knutschen.«

Ich sehe Timo irritiert an.

»Ich meine, so tun, als ob wir ein Liebespaar wären.«

Ich muss lächeln. »Ein Liebespaar, das sich ausgerechnet vor einer Legebatterie verabredet? Sehr glaubwürdig.«

Mein Handy vibriert. Ich sehe fragend zu Timo, der mit den Schultern zuckt. Nehme es heraus. *Robin!* Ich gehe ran.

»Was ist?«

»Der Akku an dem Licht funktioniert nicht. Kannst du uns einen neuen bringen?« Ich fühle in meiner Tasche und springe auf. »Ja, klar.« Ich sehe zu Timo. »Sie brauchen einen neuen Akku. Ich geh rein.«

Natürlich werde ich nicht nur reingehen und den Akku bringen. Ein zweites Mal lasse ich mich nicht zurückschicken. Timo blinzelt, er kennt mich gut genug, um zu wissen, was ich vorhabe. Ich will los, aber er stellt sich mir in den Weg, breitet die Arme aus. Ich reiße ungeduldig die Hände hoch. *Er kann mich nicht aufhalten!*

»Was?«

»Zieh wenigstens einen Schutzanzug über.« Er überlegt kurz. »Denk an die Hennen.«

Richtig. Wenn ich die Hennen nicht anstecken will, muss ich mich schützen. Es geht nicht nur um mich. Ich laufe zum Auto, hole mir einen Overall, ziehe ihn über. Timo kommt zögernd hinterher. Vermutlich überlegt er, wie er mich doch noch überzeugen kann, gleich zurückzukommen. Er reicht mir wortlos einen Mundschutz. Ihm zuliebe stecke ich ihn ein, aber tragen werde ich ihn nicht.

Wenn die anderen sich zeigen, kann ich mich nicht verstecken. Ich gebe ihm im Austausch den Autoschlüssel.

»Bis gleich.«

Ich renne schnell über den stoppeligen Acker, auf den man die Halle gesetzt hat. Der Papieroverall raschelt beim Laufen, sonst ist es gespenstisch ruhig.

Die Tür des riesigen lang gestreckten Containergebäudes ist nur angelehnt, ich schlüpfe hinein. Ein stechender Ammoniakgestank. Ich muss den Atem anhalten, bin einen Moment erschlagen von der Hitze, dem Gestank, dem Gescharre und hilflosen Geflatter der Hennen, die dicht gedrängt rechts und links des Ganges in Gitterkörben untergebracht sind. Im ersten Moment kann ich nicht hinsehen. *Das sind doch Lebewesen!* Zusammengepfercht, aufbewahrt, eingesperrt. Etwas in meinem Hals zieht sich zusammen, ein Schluchzen. Ich schlucke den Kloß herunter, hier geht es um mehr.

Irgendwo brummt sinnlos eine Lüftung, die kaum gegen den Geruch und die Hitze ankommt. Ich nehme mein Handy heraus, schalte die Taschenlampenfunktion an. Ein paar Hennen gackern aufgeregt und behindern sich gegenseitig beim Flügelschlagen in den viel zu kleinen Sammelkäfigen. Kleingruppenhaltung. *Was für ein Witz! Knast,* denke ich, Gefängnis. Oder noch schlimmer: Ein Straflager. Die Hennen sind verdammt, Eier zu produzieren, und wenn sie älter sind, werden sie verkauft und geschlachtet. Das ist ihr Leben. *Mehr nicht?*

Irgendwo am Ende des endlosen Gangs, der zwischen den doppelstöckigen Käfigreihen entlangführt, entdecke ich ein hin und her zuckendes Handylicht. Die anderen. Ich laufe auf sie zu, leuchte an den Ställen entlang, versuche die Tiere nicht zu blenden, aber gleichzeitig zu sehen, wie es ihnen geht. Doch der Geruch und das neurotische Kratzen über den Draht des Käfigbodens sagt eigentlich schon alles. *Verrückt.* In einer Rinne vor den Käfigen liegen die gelegten Eier. Eine Henne hat den Kopf durch das Gitter geschoben, als wollte sie ihr Ei zurückerobern, doch als ich näher herangehe, sehe ich, dass sie tot ist. Die anderen Hennen der Gruppe treten über und auf ihre Stallgenossin, es ist viel zu eng, um sich zu bewegen. *Warum tun Menschen Tieren so etwas an?*

Der Gestank und die Hitze werden intensiver, je weiter ich in den Stall vordringe. *Nein, ich sollte nicht Stall sagen.* Dann denkt man an einen romantischen Holzschuppen, an Stroh und Heu und Körner, doch hier ist nichts davon zu sehen. Nur Metallgitter und Futtermehl. Es gibt keine Erde oder Rasen, wo die Hühner picken oder scharren können. Viele haben sich die Federn ausgerissen und kahle Hälse. Robin hat erzählt, ein Huhn ist nur wenige Cent wert. Jeder verdammte Supermarktartikel wird würdiger behandelt als diese Tiere.

»Hey.«

Robin nickt mir zu und reicht mir die LED-Lampe. Ich drehe sie um, nehme den Akku heraus und setze ihn wieder richtig ein, schon funktioniert die Lampe. Es war nur ein Wackelkontakt.

»Danke.«

Robin zögert, und ich nutze den kurzen Moment, um meine Kamera herauszunehmen und auf ihn zu richten. Ich muss verhindern, dass er mich wegschickt.

»Erzähl«, sage ich.

Molly kommt mit einem Huhn näher, ich schwenke kurz auf sie. Sie setzt das Huhn zu zwei anderen in eine der Transportboxen, schließt sie, geht wieder. Ich schwenke zurück auf die Hühnerställe, in der einen Hand die LED-Lampe in der anderen die Kamera. Keine idealen Drehbedingungen, aber es ist nicht wichtig, dass diese Aufnahmen perfekt werden, Hauptsache, ich fange so viel wie möglich ein. Ich richte die Kamera wieder auf Robin, vor den Käfigen, so wie es eigentlich besprochen war. Er räuspert sich, akzeptiert, dass ich bleibe, macht seinen Aufsager:

»Wir retten hier heute dreißig Hennen. Dreißig von Millionen von Hennen, die in Deutschland unter ganz ähnlichen Verhältnissen leben. Wir würden gerne alle mitnehmen und befreien, aber das können wir nicht. Das könnt nur ihr, die Verbraucher, die Käufer von Hühnereiern. Wenn ihr das hier nicht mehr wollt, kauft keine Eier mehr. Denn es wird sich nur etwas ändern, wenn Produkte, die durch Tierquälerei entstanden sind, nicht mehr gekauft werden.«

Er dreht sich um, öffnet einen Käfig, nimmt vorsichtig eine der Hennen heraus, die es sich stumm gefallen lässt, und setzt sie in eine Box.

»Die Hühner, die wir heute mitnehmen, werden danach in einem Garten leben, picken, frei sein.«

Doch die anderen bleiben zurück, denke ich.

»Wir sind fertig«, sagt Molly, die mit einem weiteren Huhn ankommt und noch einmal nachzählt.

Mein Handy vibriert, ich hole es heraus, sehe auf das Display. Mein Pulsschlag beschleunigt sich. *Timo.* Etwas stimmt nicht. Der Anruf ist schon weg, und mir ist klar, dass er mich auf Speed-Dial angewählt hat, vermutlich hatte er das Handy dabei in der Tasche, eine Warnung. Es ist wie ein Schlag in den Magen. Wenn der Wachschutz kommt oder die Polizei, war das hier umsonst. Und wir sind die Täter, obwohl wir die Tiere befreit haben. Alles ist verkehrt.

»Das war Timo. Irgendetwas ist. Wir sollten gehen. Schnell«, sage ich.

Ich stecke meine Kamera ein, laufe ein paar Meter. *Nein.* Ich bin hier noch nicht fertig. Ich öffne einen der Verschläge, schiebe das Gitter beiseite. Zwei Hennen drängen sich verschreckt in eine Ecke, andere sind apathisch, als ginge sie das gar nichts an. Ich versuche nicht darüber nachzudenken, dass ich gerade über ihr Leben und

Schicksal entscheide, greife einfach nach einer braunen Henne, die etwas kleiner als die anderen ist. Ich lege die Hände von hinten über ihre Flügel, genauso wie ich es gerade bei Robin gesehen habe.

Ich habe noch nie ein Huhn berührt. Früher habe ich Hühner gegessen, als Kind, Chicken Nuggets, eines meiner Lieblingsgerichte. Niedlich in Dinoform gebacken wie ein Spielzeug. Jetzt lebe ich seit zwei Jahren vegan. *Nie wieder Huhn!* Ich nehme die kleine Henne heraus. Sie fühlt sich seltsam leicht an, wie ein kleines Daunenkissen. Ich spüre ihr Skelett, viele zerbrechliche Knochen unter dem Federkleid. Halte sie dicht an meinem Körper, streiche ihr beruhigend über den Kopf.

Molly kommt hinter mir, stellt ihren Transportkorb ab, öffnet ihn. Ich setze die Henne vorsichtig zu den anderen, schließe das Gitter.

»Einunddreißig«, sagt Molly. »Das Huhn musst *du* dann aber nehmen.«

»Mach ich«, sage ich trotzig. »Wir haben einen Garten.«

Es klingt nicht so lässig, wie ich dachte. Das hier geht mir nah. In den YouTube-Videos war alles so klar und weit weg.

Hier ist es anders. Der Gestank nach Kot und Kadavern, die schwülwarme Luft, das Gackern der Hennen, das Gefühl, helfen zu wollen und es doch nicht zu können. *Fuck, ich hasse das.* Warum kann es nicht anders sein? Warum kann nicht alles besser sein. *Richtiger*?

»Los jetzt!«, sagt Molly, und ich laufe, halte die Luft an, bis wir draußen sind. Die anderen kommen hinter uns her.

Robin schließt den Stall, winkt uns zur Seite hinter einen offenen Anhänger, wir ducken uns.

Ich hole mein Handy raus, eine SMS von Timo. Ich zeige sie den anderen.

Eine Streife. War nicht sicher. Fahre zum Treffpunkt.

Ich sehe zu Robin. »Und jetzt?«

– Ludwig –

Ich liebe den Wald. Das klingt seltsam, ich weiß, als wäre ich ziemlich sonderlich, und manchmal denke ich, das stimmt auch. Ich habe noch nie Angst gehabt, im Wald zu sein. Sogar nachts nicht. Im Wald fühle ich mich sicher. Als Kind hat mich das Märchen von Hänsel und Gretel fasziniert. Wie die beiden in den Wald geführt werden und denken, sie müssten verhungern. Ich habe still in mich hineingelacht, denn ich weiß, man braucht kein Hexenhaus, um im Wald zu überleben. Es gibt essbare Beeren, Kräuter, Wurzeln. Und natürlich die Tiere. Und ja, sicher, es gibt auch keine Hexen, die Menschen fressen, obwohl ich mir da als Kind nicht so ganz sicher war.

Hubert hält am Waldrand, wir steigen aus. Er holt Ferngläser, Stirnlampen und seine Flinte aus dem Kofferraum, reicht sie mir. Ich hebe die Hände.

»Hey, hey, ich habe den Jagdschein noch nicht.«

Und außerdem habe ich getrunken.

»Ja, schon gut. Du sollst sie nur halten.«

»Wir sollten die Waffe hierlassen. Wir habe beide getrunken.«

Hubert verdreht die Augen. »Jetzt mach dir mal nicht in die Hose: *Der Jäger ward noch nicht gefunden, dem Tabak, Wein und Weib nicht munden.*« Er grinst. »Sagt mein Opa immer.«

Er hängt sich die Jagdtasche um, wir setzen uns die Stirnlampen auf. Er schnappt sich eine neue Flasche Champagner, reicht sie mir.

»Komm!«

Neumond, es ist dunkel, und sobald wir tiefer in den Wald eindringen, brauchen wir die Stirnlampen. Wir schalten das Rotlicht ein. Es raschelt im Unterholz, Tiere werden aufgescheucht und huschen davon. Hubert liebt den Wald auch, aber anders. Für ihn ist es sein Revier, und er regiert es. Er liebt die Jagd. Für mich ist sie eher eine notwendige Pflicht als ein Vergnügen, obwohl ich weiß, wie wichtig sie für die Pflege des Waldes ist. Etwas, was getan werden muss, um das sensible Gleichgewicht des Reviers aufrechtzuerhalten. Unsere Pflicht als Landbesitzer.

»Sieh dir das an!«, sagt Hubert und leuchtet auf einen Baumstamm, an dem sich ein Wildschwein gerieben hat.

»Dieses Jahr sind einfach zu viele unterwegs.«

Schwarzwild wird ganzjährig gejagt. Ich muss daran denken, wie mein Vater den ersten Keiler vor meinen Augen geschossen hat. Ein starkes Tier, das einfach umfiel. Ein guter Schuss. Vermutlich habe ich mehr gelitten als die Beute. *Weil es so endgültig war.* Es kam mir vor, als hätte ich gesehen, wie das Leben aus dem Tier verschwand. Und zurück blieb der tote Körper. Ihn auszuweiden und zu versorgen kam mir dann nicht mehr seltsam vor. Es war kein Leben mehr in dem Tier, es hat Sinn gemacht, es zu häuten, das Fleisch mitzunehmen und zuzubereiten, statt es liegen zu lassen.

»Wir sind bald da«, sagt Hubert, als würde ich mich nicht genauso gut wie er in unserem Wald auskennen. Er schreitet vor mir her. Er würde nie rennen oder spazieren, es ist immer ein entschlossener Schritt, den er von seinem Vater und seinem Großvater übernommen hat. Förster eben. So ist auch sein Blick, selbst im Dunkeln: prüfend, aufmerksam, wach.

»Wer kommt denn alles?«, frage ich.

»Kasper aus dem Verein. Und ich habe Philipp Bescheid gesagt, aber der war nicht so begeistert, um vier Uhr morgens in den Wald zu kommen.«

Logisch, er ist mein Freund aus der Schule. Er weiß, dass ich jage, aber mehr auch nicht. Um vier Uhr morgens aufstehen, um Wild zu beobachten, steht vermutlich nicht auf der Liste der Dinge, die er nach dem Abitur als Erstes machen will.

Hubert bleibt stehen. »Hey, wie war eigentlich deine Abifeier?«

Ich hatte Hubert eingeladen, aber er wollte nicht kommen.

»Wieso?«

»Na ja – hast du?«

»Was?«, stelle ich mich dumm.

»Thea!«

Ich tue so, als müsste ich mich mühsam erinnern. Ich hätte Hubert nicht von Thea erzählen sollen, jetzt fragt er ständig nach ihr, und mir gefällt der Tonfall nicht, in dem er über sie spricht. Das ist keine Jagd, das ist ein Mädchen, in das ich verliebt bin.

»Was soll mit ihr sein?«

»Diese Abifeier war vielleicht der letzte Moment, ihr zu sagen, dass du in sie verliebt bist. Oder sie flachzulegen. Hast du es wenigstens versucht?«

»Das war jetzt nicht so die Veranstaltung ...«

»Echt nicht?«

Ich weiche Huberts Blick aus. Es war absolut die richtige Veranstaltung. Eine Abifeier, die formal begann und dann wie erwartet in einer wilden Party endete. Doch als ich endlich den Mut hatte, Thea anzusprechen, war sie betrunken und hat mit einem anderen Typen rumgemacht. Aber ich gebe nicht auf.

»Was ist mit dir? Warum hast *du* eigentlich keine Freundin?«, frage ich Hubert. Manchmal denke ich, er ist schwul.

Hubert reißt die Augen auf. »Ich brauch keine Freundin, ich brauch ne Frau.« Er schlägt mir auf die Schulter. »Freunde habe ich genug.«

Kurz darauf sehen wir den Hochstand, nah an einer großen Lichtung. Wir kennen die Wildgruppen, die hier regelmäßig äsen. Ich lausche, höre ein Rotkehlchen. Noch knapp eine Stunde bis zum Sonnenaufgang. Im Wald brauche ich keine Uhr, ich muss nur auf den Gesang der Vögel achten. Die Vogeluhr. Kurz darauf das etwas dunklere Tschilpen der Amsel, noch 45 Minuten bis zum Sonnenaufgang.

»Waidmannsheil, Alter!«, ruft mir Kasper entgegen.

Er wartet unten am Hochstand. Seine roten Haare kleben am Kopf und sehen künstlich aus, da er immer zu viel Haargel benutzt. Er hat seine Flinte dabei. Philipp ist nicht gekommen.

Ich will Kasper grüßen, zögere.

Waidmannsheil. Eigentlich antwortet man auf den Jägergruß genauso, also Waidmannsheil, aber wenn man in die Jägerschaft aufgenommen wird, antwortet man mit Waidmannsdank. Bin ich schon aufgenommen? Ohne Jagdschein?

»Waidmannsdank heißt das«, antwortet Hubert für mich und schlägt mir auf die Schulter. »Du bist jetzt einer von uns.«

Ich lache kurz. »War ich das nicht schon vorher?«

»Logisch! Aber jetzt gehörst du richtig dazu.«

Ich schweige.

Hubert stöhnt. »Du wieder mit dem Jagdschein. Das ist doch nur eine Formalität.«

»Oder stimmt etwas mit deinem Führungszeugnis nicht?«, fragt Kasper, und es klingt wirklich besorgt.

Hubert grinst breit. »Jetzt kommt's raus. Ludwig ist vorbestraft. Könnte ich mir echt vorstellen.«

Ich gehe auf seinen Ton ein. »Ach ja? Was soll ich denn getan haben? Wir leben schließlich nicht in *Westeros*.«

Kasper lächelt schüchtern. Er ist immer sehr still und zurückhaltend, besonders, wenn Hubert dabei ist. Manchmal frage ich mich, warum Hubert mit ihm befreundet ist.

»Na, dann wird es Zeit, dass du mal ein paar Regeln brichst«, sagt Hubert und hält mir die Flinte hin.

Er will also wirklich, dass ich heute schieße.

»Und gib mir den Champagner!«

Ich gebe ihm die Flasche, nehme die Flinte. Hubert grinst zufrieden. Er öffnet sie schnell und geschickt. Der Korken schießt irgendwo ins Unterholz.

»Auf dich, Alter!«

Er prostet mir zu, setzt die Flasche an, trinkt und reicht sie dann an Kasper weiter.

»Gehen wir hoch?«, fragt Kasper und hält die Flasche unentschieden in der Hand. Er weiß auch, dass er seinen Jagdschein verlieren kann, wenn man ihn betrunken beim Schießen erwischt. Aber wer soll hier vorbeikommen?

Ich gehe vor, steige die Holzleiter hoch. Oben setzen wir uns im Kreis hin, lassen die Flasche rumgehen.

Ich horche. Der Buchfink mischt sich in das Vogelgezwitscher. Zehn bis zwanzig Minuten bis Sonnenaufgang. Ich spüre den Morgen schon, das sich sanft ausbreitende Licht, das den Wald erst grauweiß und dann golden beleuchtet.

Gleich kommt das Wild. Ich drehe mich um, sehe durch eine der Schießscharten auf den Waldrand, die Bäume.

Ich habe vor Kurzem einen TedTalk gesehen. Da erklärte eine Wissenschaftlerin, dass sich Bäume untereinander verständigen. Über ihre Wurzeln. Wie ein Internet, ein riesiges Verständigungssystem unter der Erde. Sie reden miteinander. Vielleicht sind wir

Bäumen viel ähnlicher, als wir denken? Sie brauchen Licht und Wasser und das CO_2 der Luft, um zu leben. Und wir brauchen Sauerstoff, Wasser und Licht. Und Liebe.

Manchmal macht Alkohol mein Denken schärfer. Weckt mich auf. Ich mag den Zustand. Aber wenn ich mehr trinke, verschwimmt alles, also reiche ich die Flasche weiter, als sie wieder bei mir ist. Ich will den Moment halten, zwischen Traum und Realität, Morgengrauen.

»Meint ihr, die Bäume brauchen Liebe?«, flüstere ich und merke, dass ich doch betrunkener bin, als ich dachte.

»Du wieder«, murmelt Hubert. »Geh doch und umarme einen Baum, Dude!«

»Wie meinst du das?«, wispert Kasper, der kaum etwas getrunken hat.

»Hey, sie kommen«, flüstert Hubert.

Wir sind sofort still.

Das meiste Wild kennen wir. Es kehrt regelmäßig an diese Stelle zurück, auch wenn wir hier gejagt haben – was ich eigentlich nicht verstehe. Aber nun ja, schließlich steigen wir auch immer wieder in unser Auto und fahren die Straßen entlang, auf denen Menschen tödlich verunglückt sind.

Eine Gruppe von Rehen tritt auf die Lichtung und beginnt zu äsen. Es sind Ricken, die erst ab September gejagt werden dürfen, schließlich ist Brunftzeit. Die Gruppe wird größer, immer mehr Rehe treten auf die Lichtung. Wo sind die Böcke?

Hubert stößt mich an, und ich folge seinem Blick. Etwas weiter entfernt, auf dem anderen Ende der Lichtung, taucht ein Rehbock auf. Er ist noch jung, wirkt unerfahren. Hubert drückt mir die Flinte in die Hand, ich schüttle den Kopf. *Nicht jetzt.*

Kasper atmet erleichtert auf, sein Blick sagt, dass ich alles richtig mache. Hubert wirft mir auch einen Blick zu. Für eine Sekunde sehe ich es. *Verachtung.* Oder auch nur Unverständnis. Denn er erwartet es. Dies hier ist sein Geschenk an mich, der erste Schuss nach der Prüfung. Zusammen mit ihm. Hubert hat mit mir gelernt, Nächte durchgemacht und auch sonst immer geholfen. Aber wann und wo ich schieße, entscheide immer noch ich. Mein Herz schlägt schnell und heftig. *Habe ich Angst?* Vermutlich. Vor dem Töten? Nein, dafür habe ich es schon zu oft gesehen. Aber davor, nicht ganz richtig zu treffen und das Tier leiden zu lassen. Es nicht sofort zur Strecke zu bringen.

»Hast du Angst, daneben zu schießen?«, flüstert Hubert.

Ich bin ein guter Schütze. Ich war der Beste in der Prüfung, auch wenn Hubert immer behauptet, ich könne nicht schießen.

Ich schnappe mir die Flinte, entsichere sie, lege sie auf dem Holz ab, visiere das Ziel an. Der Bock steht still, dreht den Kopf, wittert. Ich weiß, ich muss mich beeilen, den Moment nutzen, in dem das Tier sich orientiert, fragt, unbeweglich still verharrt. Ich ziele auf den Körper, nah am Herzen, nehme ihn ins Fadenkreuz. Es ist, als ob wir verbunden sind, eine Einheit. Ich der Jäger, er das Opfer.

Peng.

Die Wildgruppe am anderen Ende der Lichtung schreckt hoch, der typische Schreilaut, doch ich höre es nur und sehe zum Bock, der kurz aufspringt, dann mit verdrehtem Hals fällt und auf dem Waldboden aufschlägt. *Erlegt.* Hubert stößt mich an, erst in dem Moment realisiere ich, was passiert ist, dass ich tatsächlich getroffen habe. Mein erster tödlicher Schuss.

2

Huhn im Korb

– Marie –

»Put, put, put!«

Ich liege auf dem Bauch auf dem Rasen und beobachte die Henne, die zufrieden im Rasen unseres Gartens pickt.

»Ich nenne sie Henny.«

Timo lacht. »Wenn du ihr einen Namen gibst, wirst du sie nie wieder los.«

Ich sehe zu ihm hoch, blinzle in die Sonne, die um acht Uhr schon so hoch steht, dass sie mich blendet.

»Ich will sie auch gar nicht wieder loswerden.«

Er seufzt, lässt sich erst auf die Knie fallen und legt sich dann neben mich ins Gras, wendet den Kopf zu mir.

»Die wird euch den ganzen Garten wegscharren. Und alles Grün wegpicken.«

Ich blinzle zurück, ziehe die Augenbrauen hoch.

Timo kennt sich mit Hühnern aus. Seine Großeltern haben einen Bauernhof irgendwo in Norddeutschland gekauft. Aber muss er das ständig raushängen lassen?

»Meinst du, ich soll sie hier auch wieder einsperren? Hat sie nicht etwas Freiheit verdient?«

Timos Gesicht liegt so nah an meinem, dass ich seinen Atem spüre. Er schließt die Augen, als ich ihn intensiv mustere.

»Ich meine ja nur ... Wenn du willst, können wir Henny zu meinen Großeltern bringen. Da hat sie Gesellschaft.«

Ich grinse. »Du meinst, ich und Prinz, wir reichen ihr nicht?«

Timo blinzelt, ich erkenne die kleinen hellen Punkte in seinen grauen Augen.

»Ich meine, manchmal kann man die Folgen nicht absehen, die eine Aktion hat.«

Ich weiß, worauf Timo anspielt. Der Wachschutz hätte uns beinahe erwischt. Wir mussten uns zwei Stunden durch die Felder schlagen, um zum Treffpunkt zu kommen. Timo dachte schon, wir wären nicht weggekommen.

»Manchmal muss man Risiken eingehen, wenn man etwas Großes erreichen will.«

Das ist jedenfalls meine Meinung. Timo runzelt die Stirn. Er gleicht dann seinem Vater, wenn der über einen unheilbar Kranken spricht.

»Etwas Großes? Wir haben dreißig Hennen befreit.«

»Einunddreißig!«

»Ja, aber ... wenn sie dich erwischt hätten ... Wenn du vorbestraft bist, wie ... willst du dann Jura studieren?«

Ich seufze. Muss Timo immer so vernünftig sein? Ja, ich will Jura studieren oder Politologie oder auch Journalistik, aber im Grunde will ich das alles ja nur machen, um später etwas in der Welt bewirken zu können. So schnell wie möglich. Manchmal frage ich mich, ob ich dafür überhaupt ein Studium brauche.

»Vielleicht studiere ich nicht. Ich habe sogar überlegt, ob ich nach dem Sommer aufhöre. Mit Schule.«

Timos Kopf fährt hoch. »Was? Wieso?«

Ich setze mich auf.

»Weil ich dort meine Zeit vertrödle. Überleg mal, was ich alles machen könnte, wenn die Schule nicht wäre!«

Timo stützt sich auf seine kräftigen Armmuskeln. Macht er wieder Hanteltraining? Er bleibt einen Moment im Liegestütz, dreht sich dann auf und setzt sich, die Beine ausgestreckt.

»Wie jetzt? Greenpeace? Sea Shepherd?«

»Zum Beispiel.«

»Sea Shepherd nimmt Hilfskräfte auf See erst ab achtzehn. Und – wollten wir das nicht zusammen machen? Nach dem Abi?«

»Ja, klar. Aber du weißt doch, was ich meine. Es gibt so viele Möglichkeiten, etwas zu verändern. Wenn ich jetzt etwas tun kann, wieso dann warten?«

Wir sehen zu Henny, die im Kräuterbeet meiner Mutter einen Wurm gefangen hat und mit zuckenden Halsbewegungen herunterschlingt.

»Ihre erste fleischliche Nahrung ...«, sagt Timo nüchtern, und ich muss lachen, wie er das sagt und auch weil ich übermüdet und aufgedreht bin.

Timo grinst. »Tja, Marie, du wohnst jetzt ganz offiziell mit einer Fleischfresserin zusammen.«

Ich lasse mich auf den Rücken fallen, werfe die Arme hoch. »Okay, okay, ich erziehe sie um.«

»Ach ja? Und was ist mit den Eiern? Oh Mann, noch ein Problem«, sagt Timo ganz ernst, weil er weiß, dass er mich so noch mehr zum Lachen bringt. »Ihr seid doch alle voll vegan.«

»Hey, Marie!«

Ich blinzle gegen die Sonne. Am Fenster im ersten Stock steht meine Mutter am geöffneten Fenster. Ihr Arbeitszimmer. Sie beugt sich über das Fensterbrett, genießt kurz die Sonne.

»Was macht ihr denn schon so früh wieder hier?«

»Es ist halb neun«, rufe ich zurück.

Timo beugt sich zu mir, flüstert. »Was hast du ihr gesagt, wo du warst?«

»Bei dir«, flüstere ich zurück und sage dann laut: »Wir wollten hier frühstücken. Bei Timo ist der Kühlschrank leer.«

»Nur Schinken und Eier«, setzt Timo noch eins drauf, obwohl wir beide wissen, dass der Kühlschrank in seiner Familie immer randvoll ist.

»Na dann. Ich kann einen Kaffee gebrauchen.« Meine Mutter gähnt, reckt sich. Sie will das Fenster schließen, erstarrt überrascht.

»Ist das ein Huhn, das gerade mein Kräuterbeet zerrupft?«

Timo wirft mir einen Hab-ichs-dir-nicht-gesagt-Blick zu.

Ich nicke, lächle breit. »Das ist Henny. Timo hat sie mir mitgebracht. Von seinen Großeltern.«

Als ich zu Timo sehe, verdreht er die Augen. Okay, ich gehe mit der Lügerei zu weit, aber jetzt kann ich nicht mehr zurück.

»Und was sollen wir damit? Wir essen kein Huhn. Und keine Eier.«

»Ich weiß«, sagt Timo. »Es ist ein Schulprojekt. Tierbeobachtung.«

Lügen kann Timo eindeutig besser als ich.

»Aha, Schulprojekt«, sagt meine Mutter. »Vielleicht baut ihr dann am besten einen kleinen Zaun um mein Kräuterbeet.«

Im Haus ist es kühl. Ich laufe barfuß durch unseren Wohnraum über die Steinfliesen zur offenen Küche, gehe zum Kühlschrank. Timo sieht durch die geöffneten Balkontüren zurück in den Garten. Sein Blick verfolgt Prinz, der sich mit geducktem Kopf an Henny anschleicht.

»Meinst du, die beiden vertragen sich?«, fragt er besorgt.

Ich google und finde sofort eine Website. »Hier steht, das klappt. Katzen fressen höchstens Küken«, sage ich, lese und stelle mit der anderen Hand Hafermilch und Orangensaft aus dem Kühlschrank.

»Wie beruhigend«, murmelt Timo.

»Magst du Kaffee machen?«, fragt meine Mutter ihn, da er hier im Grunde genauso zu Hause ist wie ich. »Dann schau ich mal, ob Martin und die Zwillinge schon wach sind.«

»Wohl kaum«, sage ich, denn meine Zwillingsbrüder sind zehn und schlafen in der letzten Zeit an den Wochenenden immer bis mittags, wenn niemand sie weckt. Und mein Vater ist ein Nachtmensch und war bestimmt bis zwei oder drei Uhr auf.

Timo füllt Wasser in die Kanne und Kaffeepulver in den Kaffeefilter, während ich den Tisch decke. Vorsorglich mal für alle, auch wenn ich sicher bin, dass meine Mutter allein wieder von oben kommen wird.

»Wann bist du denn heute am Stand?«, fragt Timo.

»Stand?«

Dann fällt es mir ein. Das Straßenfest, der Greenpeace-Info-Stand der Jaggies. Unsere Jugendgruppe hat das lange vorbereitet, aber Timo und ich haben wegen der Hühneraktion die letzten Male auf den Treffen gefehlt.

»Wir haben uns eingetragen, oder? Ich glaube 14 Uhr.«

Timo erstarrt kurz, schließt die Augen. »Ich brauch nur einen Klappstuhl, und ich kann ein Plakat halten. Mehr bringe ich nicht. Ich könnte im Stehen einschlafen.«

»Hauptsache, du hältst über die Hühneraktion dicht«, sage ich, denn es war keine Greenpeace-Aktion.

»Sie werden dich und Molly sowieso im Video sehen.«

»In welchem Video?«, fragt meine Mutter, die leise auf Strümpfen die Treppe heruntergekommen ist.

»Ach, es geht nur um den Stand heute auf dem Straßenfest«, sage ich schnell. »Timo und ich haben uns gemeldet. Wir sollen ein Video machen. Von der Aktion und so.« Ich drehe mich zu Timo. »Das ist doch eine gute Idee, das Ganze zu filmen. Oder?«

Timo schüttelt fassungslos den Kopf. Ja, stimmt, ich habe mir das gerade ausgedacht. Doch es ist nicht so, dass ich meiner Mutter nichts von meinen Aktionen erzählen könnte. Sie wäre bestimmt auf meiner Seite, schließlich hat sie als junge Journalistin auch viele halb legale Dinge getan, um an Informationen zu kommen und Missstände aufzudecken. Ich führe die Tradition nur fort.

Meine Mutter geht an den Kühlschrank. »Ich finde das großartig, dass ihr bei Greenpeace mitmacht. Und sogar am Samstag dabei seid.«

»Nicht wahr?!«, sage ich und sehe zu Timo, der einfach nur grinst.

– Ludwig –

»Reichst du mir mal den Schinken?«

Ich reiche meiner Mutter das Marmorbrett mit den hauchdünnen dunkelroten Scheiben.

»Wildschein, das solltest du mal probieren«, sagt mein Vater. »Ist gestern ganz frisch geliefert worden.«

Ich sehe über den Frühstückstisch, die weiße bestickte Decke, das gute Porzellan, den silbernen Kerzenleuchter und dazwischen die Platten mit Wurst und Käse, Butter, Rührei. Ein festliches Frühstück, eine Feier, für mich. *Kein Appetit.* Ich bin leicht verkatert, da wir in der Nacht noch eine dritte Flasche Champagner getrunken haben und dann warten mussten, bis Hubert wieder fahren konnte. Was irgendwann gegen sechs der Fall war. *Scheiße, bin ich müde.*

Mein Vater nimmt etwas von dem Wildschweinschinken, riecht daran, nickt zufrieden. Ich starre auf den Schinken, ich weiß nicht, ob ich jemals wieder in meinem Leben Wildfleisch essen kann. Oder irgendein Fleisch. Oder irgendetwas. Es kann der Kater sein, die leichte Übelkeit, oder die Tatsache, dass ich gestern einen Bock geschossen habe. Erschossen habe. Getötet. Ich war doch so oft dabei, wenn andere das getan haben. Warum ist es jetzt etwas anderes?

Mein Vater klopft kurz und fordernd auf den Tisch. »Und wie war denn jetzt deine Prüfung? Erzähl doch mal.«

»Und iss mal was«, fügt meine Mutter hinzu.

»Tja, lief gut.«

Ich schildere die Schießprüfung, die wirklich hervorragend gelaufen ist.

»Dann hat sich das Training im Schießkino ja gelohnt.«

Das Schießkino meines Vaters. Ein großer lang gestreckter Bildschirm im Keller. Filme, auf denen Wild durch den Wald rennt. Die Jagd simuliert wird. Sein ganzer Stolz und für mich eine Art Videogame. Hubert, Kasper und ich haben viele Tage da unten verbracht und über den Bildschirm galoppierende Wildschweine abgeschossen. Ein Game.

»Und wie lief die Theorie? Du hast ja nächtelang mit Hubert geübt«, sagt meine Mutter.

Stimmt. Geübt und gesoffen. Gehirnzellen aufgebaut, Gehirnzellen vernichtet.

»Lief auch gut.«

Ja, in der Theorie ist das alles ganz einfach und klar.

Frage: Ein beschossener Rehbock schlägt im Schuss mit den Hinterläufen aus und zieht anschließend mit krummen Rücken in die nächste Dickung. Auf welchen Schuss schließen Sie?

- ☐ Laufschuss
- ☐ Streifschuss
- ☐ Herzschuss
- ☐ Kammerschuss
- ☐ Waidwundschuss

Ein Kreuz, mehr nicht. Doch meine Antwort ist: Wenn du schlecht schießt, dann leidet das Wild. *Töte es anständig oder lerne richtig zu schießen.* Ich habe richtig geschossen, ich habe alles richtig gemacht. Warum fühlt es sich dann so falsch an?

Mein Vater langt hinter sich, steht sogar auf und überreicht mir ein längliches Packet.

»Für dich. Von uns.«

Ich mache ein erstauntes Gesicht, doch natürlich weiß ich, was es ist. Nicht nur, weil das Paket schon eine Menge verrät. Lang und schmal. Ich packe es aus, schlage den weichen Filz beiseite, in den die Flinte eingewickelt ist. Es ist die alte SKB von Opa, die mein Vater lange hatte. Ein Erbstück und ein Sammlerstück, er hat immer davon gesprochen, dass ich sie einmal bekommen werde. Jetzt ist es also so weit. Ich streiche über das dunkle Holz des Schafts.

»Wow, danke!«

»Ich freu mich schon, wenn wir gemeinsam auf die Jagd gehen.«

»Ja. Klar.«

Ich betrachte die Flinte, wende sie in der Hand, richte sie in den Raum, lege sie spielerisch an. Sie ist perfekt. Es ist eine Ehre, dass ich sie jetzt übernehmen darf. Ich stehe auf, die Verpackung, das Papier und der Filz gleiten von meinem Schoß. Ich lege sie erst auf den Stuhl neben mir, nehme dann doch alles zusammen und bringe Flinte und Papier auf die Anrichte. Als ich mich setze, sehe ich ihn da sitzen. Meinen kleinen Bruder. Jetzt natürlich groß, zwei Jahre jünger als ich, also sechzehn. Hätte er die gleichen dunkelblonden Locken wie ich? Die gleiche schmale Nase, die blauen Augen? Wie meine Mutter und ich. Oder käme er mehr nach meinem Vater, der groß, aber kräftiger ist, mit glatten, jetzt grauen, doch früher dunklen Haaren? Aber eigentlich ist das egal. Die einzige Frage, die ich mir wirklich stelle, ist: Wie wäre mein Leben gewesen, wenn er nicht so früh daraus verschwunden wäre? Wenn er mit mir in dieser Familie gelebt hätte. All die Frühstücke und Abendessen. Vermutlich würden wir uns dann jetzt einen Blick zuwerfen und später lachen, weil er wüsste, was gestern los war und wie es ist, einen Kater zu haben.

Meine Mutter hält mir den Brotkorb hin. Ich nehme mir eine Scheibe Graubrot, halte sie unentschlossen in der Hand, bis das Telefon klingelt und klingelt und klingelt – *in meinem Kopf!*

Meine Mutter steht auf und macht sich auf den Weg in den Flur.

»Es könnte Opa sein.« Sie dreht sich auf halbem Weg um. »Er will dich sicher sprechen.«

»Sie kommen doch sowieso nachher zum Essen«, sagt mein Vater. Und an mich gewandt: »Das hast du doch noch im Kopf, oder?«

Im Kopf, im Kopf, im Kopf – hallt es in mir nach.

»Ja, klar.«

»Schließlich wollen sie die Prüfung auch feiern. Und das Abitur.«

Ich nehme einen Schluck Tee, mein Vater kaut auf dem Wildschweinschinken. Schweigen. Ohne meine Mutter ist es totenstill am Tisch. Ich sehe zu dem Stuhl neben mir, mein Bruder nickt.

Echt blöd, ein Einzelkind zu sein.

Meine Mutter kommt zurück, setzt sich, schlägt ärgerlich die Serviette auseinander, peitscht sie auf ihren Schoß.

»Das war nicht dein Vater, sondern Barbara. Es gibt wieder einen neuen Artikel.« Sie macht eine ungeduldige Winkbewegung zu meinem Vater. »Gib mir doch mal den Tagesspiegel.«

Mein Vater reicht ihr die Zeitung.

Die Sonne fällt ins Zimmer, ein scharfer Lichtstrahl schiebt sich über den Teppich, kommt fast bis zum Parkett. Ich würde dem Lichtstrahl gerne folgen, der mich nach draußen lockt. Mich auf der Terrasse in einen der Liegestühle legen und in der Sonne einschlafen. Mehr nicht.

»Hier steht, die jungen Jäger haben heute ihren Infostand in Potsdam.« Meine Mutter sieht von der breit aufgefalteten Zeitung auf. »Musst du da nicht hin?«

»Nein, ich ... Hubert geht hin, er meint, sie haben genug Leute. Er weiß, dass ich mit euch feiern will.«

Außerdem habe ich keine Lust auf die Diskussionen mit den Jagdgegnern. Hubert liebt das, aber mich nervt es, wenn Leute glauben, wir würden sinnlos Tiere abschießen. Jagd ist etwas anderes.

»Da ist der Artikel.« Meine Mutter hält meinem Vater die Zeitung hin. »Barbara hat recht. Das ist einfach nur dumm. Guck dir das an!«

Mein Vater sieht sich nach seiner Lesebrille um. Ich weiß, er hat keine Lust, sich aufzuregen, das macht er schon fast täglich als Anwalt vor Gericht.

»Lies es mir vor.«

Meine Mutter sieht kurz zu mir, um sich zu vergewissern, dass auch ich zuhöre. Ja, ich höre zu.

»*Die Natur braucht keine Jäger. Ballerei in den Wäldern, Massenabschüsse auf Treibjagden, das Image der Jäger sinkt immer weiter. Rationale Gründe werden vorgeschoben, doch eigentlich geht es um etwas anderes: Den Kick des Tötens, die Sehnsucht nach einem archaischen Erlebnis. Doch wie schwach muss man sein, um sich stärker als ein wehrloses Tier zu fühlen?*«

Meine Mutter sieht auf, ein Moment der Stille.

»Das ist Unsinn«, sage ich.

Mein Vater nickt. »Dagegen sollte man ernsthaft vorgehen.«

Ich fächle mir mit dem Greenpeace-Flyer Luft zu. Es ist verdammt heiß heute, und eigentlich würde auch ich lieber schwimmen gehen, statt hier mitten in der Fußgängerzone zu stehen und Leute an den Stand zu rufen, damit sie eine Unterschrift gegen Walfang oder Tierversuche abgeben. Doch das hier ist wichtig. Jede Unterschrift zählt.

Timo diskutiert mit einem Pärchen in Sea-Shepherd-T-Shirts. Sie unterschreiben, nehmen zwei Flyer mit. Ein Rentner in grauen Hosen und blassgelbem Poloshirt geht vorbei, sieht noch nicht mal hin. *Hey, ihr habt das alles hier angerichtet!*, denke ich. Es ist ungerecht, ich weiß. Ich bin einfach nur müde, übermüdet, todmüde. Und wenn ich zu wenig geschlafen habe, bin ich gereizt.

Timo wendet sich zu mir, beide Arme nach oben gerissen.

»Zwei Unterschriften, ich bin der Held!«

Ich muss grinsen. »Die waren doch total einfach zu kriegen.« Ich zeige auf einen bulligen Typen mit Glatze und Runentattoos auf dem dicken Oberarm. »Versuch es mal bei dem!«

Timo lacht. »Hey, ich bin nicht lebensmüde. Versuch *du* ihn doch einfach zu verführen.«

Ich lege den Kopf schief, grinse. *Klar, Frauen haben ja keine andere Waffe als ihre Weiblichkeit, nicht wahr?*

Ein älteres Paar kommt vorbei. Die beiden lächeln, weil wir lächeln. Und bleiben kurz stehen. Timo gibt der alten Dame einen Flyer und hält ihr das Klemmbrett hin.

»Gegen Tierversuche! Fast 2,8 Millionen Tiere werden in Deutschland für wissenschaftliche Versuche gequält. 800 000 Tiere werden sofort für Versuche getötet. Wir sind dagegen. Eine Unterschrift genügt.«

Timo reicht ihr einen Kugelschreiber, während ich ihrem Begleiter einen Flyer hinhalte. Auch er ist freundlich. Als er lacht, sehe ich eine Million Lachfältchen neben seinen Augen. Ich möchte auch so alt werden, mit Lachfältchen und guter Laune. Manche Leute bei Greenpeace sehen alles so verbissen. So will ich nicht werden. Klar, die Welt könnte besser sein, aber wir *können* sie doch auch ständig verbessern. Und tun das auch.

Die Frau unterschreibt die Petition. Ich muss mir ein Grinsen verkneifen. Timo hält hinter seinem Rücken einen Daumen hoch, was nur ich sehen kann.

»Ihr seid ein schönes Paar«, sagt die Dame und reicht Timo den Kugelschreiber. »Macht weiter so.«

Timo wird knallrot, ich zucke nur mit den Schultern. Wir werden ständig für ein Paar gehalten, obwohl wir weder zusammen sind noch jemals zusammen waren. Einfach beste Freunde.

»Einen schönen Tag!«

Ich winke den beiden Alten zum Abschied und greife nach der Mineralwasserflasche. Das Wasser ist lauwarm und sprudelt nicht mehr. Ich reiche die Flasche an Timo weiter.

»Wir werden verdursten, während wir hier stehen.«

Er nimmt mir die Flasche ab, sieht mir in die Augen. Starrt fast.

»Was ist?«

Er fährt sich durch sein Haar, zögert kurz.

»Nichts.«

Sein Blick wandert an mir vorbei, fast wie in Trance kneift er die Augen zusammen. »Ey, schau mal da rüber!« Er reicht mir die Flasche, ohne den Blick von was-auch-immer abzuwenden. Ich trinke, drehe mich erst dann um.

»*LJVB Junge Jäger*? Was ist das denn?«

Zwei Typen spannen ein langes Banner über die Frontseite eines Standes. Der eine ist klein, fast schmächtig, mit kurzen roten Haaren, der andere ist bullig und trägt einen speckigen Filzhut.

»Dick und Doof«, sagt Timo. »Ich hätte nicht gedacht, dass die Nachwuchs haben.«

Wir starren zu zweit auf den Stand, der schräg gegenüber aufgebaut wird. Während der Große das Banner befestigt, packt der Kleine Flyer aus und legt T-Shirts aus. Ein T-Shirt hängt er an die Seite des Standes. STARK FÜR DIE JAGD steht dick und fett darauf.

»Landesjagdverband Brandenburg«, sagt Timo. »Sind das nicht die Typen, mit denen deine Mutter sich immer anlegt? Schau mal, die haben sogar eine Knarre dabei.«

Tatsache, der Bullige hängt ein Gewehr in den Stand und einen Tannenzweig dazu. *Sind die komplett durchgeknallt?*

Timo sieht mich an. »Für was die wohl Werbung machen?«

»Mal sehen. Ich geh rüber und seh' mir das an.«

Timo hält mich fest. »Lass das mal lieber.«

»Warum? Ich frag doch nur.«

»Echt, aber ... was ist mit unserem Stand?«

»Du bist doch da!«

Timo seufzt und lässt mich los. »Okay. Aber leg dich nicht mit denen an.«

Ich grinse und schnappe mir einen unserer Flyer. »Das ist einfach nur ein Austausch von Meinungen.«

Mein Vater sagt, die Frauen seiner Familie streiten gerne. Doch wenn er es sagt, dann spüre ich, dass er das eigentlich gut findet. Sogar bewundert. Meine Mutter, die sich immer wieder mit der Tierindustrie anlegt. Das ist ihr Thema geworden, die letzten Jahre. Der Kampf gegen Tierversuche und Massentierhaltung und die Jagd. Mit Worten. In Blogartikeln und Zeitungartikeln, denn Worte sind mächtig. Das denke ich, als ich ruhig zu den *Jungen Jägern* herüberschlendere. Worte sind mächtig.

Noch ist nicht alles aufgebaut, aber ich stelle mich schon vor den

Stand, beobachte den Kleinen, der rote Flecken im Gesicht bekommt und sehr nervös aussieht, als ich einen der Flyer nehme und studiere und dann laut vorlese:

»Ziele der Jungen Jäger Brandenburg:

- Stärkung des Vereinslebens
- Vernetzung der jungen Jäger untereinander
- Öffentlichkeitsarbeit«

Ich sehe zu dem Gewehr. »Öffentlichkeitsarbeit? Scheint ja gut zu klappen.« Ich schaue wieder auf den Flyer. »Aber was bedeutet: *Pflege des jagdlichen Brauchtums und Hundewesen?*« Und sehe dann auf.

Wenn man jemanden beeindrucken oder einschüchtern will, muss man ihm fest in die Augen sehen. Nicht blinzeln. Ich bin hervorragend darin. Der Kleine nicht, er sieht sofort weg. Also blicke ich zu dem Großen, und er hält meinem Blick stand.

»Es heißt, dass wir uns um den Wald und das Wild kümmern«, sagt er knapp.

»Oh, verstehe. Pflege und Hege. Aber wozu ist denn dann das Gewehr?«

Okay, das ist blanke Ironie. Aber wie soll ich sonst auf diesen Bullshit reagieren. Die stellen sich echt hier hin, mitten in die Fußgängerzone, und werben dafür, dass man Tiere abschießt? Aus welchem Mittelalter sind die denn angereist?

»Vielleicht weißt du es nicht«, sagt der Große ruhig, »aber Jagd ist Naturschutz. Wir Jäger sind nicht nur für die Regulierung der Wildbestände zuständig, sondern haben auch einen umfassenden ökologischen Auftrag zu erfüllen.« Er nickt zu unserem Stand herüber. »Das müsstet ihr doch eigentlich kapieren.«

Ich kneife die Augen leicht zusammen. Der Typ hat Rückgrat, und das gefällt mir. Aber auf der anderen Seite hat er eine Vollklatsche.

»Ökologischer Auftrag?«

»Ja, wir legen Feldholzinseln an und Hecken und Feuchtbiotope. Das ist alles Teil unseres Renaturisierungsprogramms«, rattert der Kleine herunter. Selbst der Große verdreht leicht genervt die Augen. Denn es geht nicht um Argumente. Das hier ist etwas anderes. Ein Kräftemessen.

Der Große rückt den Filzhut leicht nach hinten, tut lässig. Schiebt die Ärmel seines Hemdes nach oben, zeigt seine starken Unterarme. Das Männchen in Kampfhaltung. Ich lächle betont freundlich.

»Klar, das verstehe ich. Und die Wildschweine und Rehe, die schießt ihr auch nur aus Mitleid mit den Bäumen und Büschen ab.«

»Genau. Zu hoher Wildbestand verursacht wirtschaftlichen Schaden«, haspelt der Kleine herunter.

Na sicher!

»Wie heißt du?«, frage ich und reiße den Kopf zu ihm herum. Fixiere ihn. *Lass dir den Namen sagen, dann hast du einen Vorteil vor deinem Gegner.*

Er wird rot, schwitzt, ein Blick zu dem Großen, der eine minimale Erlaubnisgeste macht.

»Kasper.«

»Ah, Kasper. Könnte ich das Gewehr einmal ansehen? Nur, damit ich verstehe, wie das alles so abläuft.«

Er schüttelt sofort den Kopf, sieht erst dann zum Großen.

»Oder ... Hubert?«

Ich folge seinem Blick. »Wirklich, Hubert?«

Ich sage es entspannt, vielleicht sogar etwas kokett. »Seid ihr nicht deshalb hier? Damit man sich informieren kann?« Und lächle freundlich.

Hubert lächelt nicht. Er ist bestimmt jemand, der die Jagd extrem wichtig nimmt und genau weiß, wie viele Tiere er schon abgeschossen hat. *Holla, die Waldfee!* Vielleicht hängt sogar ein Geweih über seinem Bett. Aber ich nehme auch eine Sache ernst, und zwar das Leben der Tiere.

Hubert atmet tief ein. »Erstens ist das eine Flinte und zweitens: Hast du überhaupt einen Waffenschein?«

Ich reiße die Augen auf, spiele unschuldig.

»Nein! Aber ich will ja auch gar nicht schießen. Nur mal sehen, wie es sich anfühlt.«

Und das will ich wirklich. Meine Mutter sagt, man kann Ereignisse und Menschen nur verstehen, wenn man sehr nah herangeht. Sich alles ansieht, Gegenstände und Sachverhalte untersucht, Menschen befragt, gut recherchiert. Alles andere sind Vorurteile. Aber klar, das hier am Stand ist nicht nur Recherche, sondern auch ein Kampf. Wenn Hubert jetzt ablehnt, dann geht dieser Punkt an mich. *Hat der große Jäger etwa Angst vor kleinen Mädchen?*

Ich sehe richtig, wie es in ihm arbeitet.

»Okay.« Hubert dreht sich zur Flinte, nimmt sie vom Haken, den er gerade erst an der Zeltwand des Standes befestigt hat. Hält sie mit beiden Händen wie ein Baby und überreicht sie mir fast feierlich. Die Verehrung einer Waffe Jetzt sind wir also schon in der Antike.

Ich nehme ihm die Flinte mit beiden Händen ab.

»Aber sei vorsichtig!«

Natürlich. Ich wiege die Flinte in meinen Händen. Das warme Holz des Griffs, das kalte Metall des Laufs. Wende die Waffe und merke, wie Kasper und Hubert sich in ihrem Stand anspannen. Natürlich ist die Waffe nicht geladen, aber sie benehmen sich trotzdem so. Das fordert mich heraus. Ich mache eine schnelle Bewegung, lege die Waffe an, richte den Lauf auf Kasper.

»So?«

Der Kleine hüpft weg, erstarrt, der Große greift mit einer entschiedenen Geste an den Lauf und nimmt mir das Gewehr ab.

»Damit spielt man nicht.«

Ich fixiere ihn, sehe ihm direkt in die Augen, bohre den Blick bis in sein Gehirn. »Das sehe ich ganz genauso.«

– Ludwig –

»Hubi, reg dich doch nicht so auf.«

Ich stelle das Handy auf laut, werfe mich in den Sessel in meinem Zimmer und strecke mich aus. »Ist ja gut!«

Ich meine, mir war klar, dass es keine so gute Idee ist, sich am Samstag mit einem Stand der *Jungen Jäger* in die Fußgängerzone zu stellen. Ist doch logisch, dass das Ärger bringt. Hubert kriegt sich gar nicht mehr ein.

»Dann hat sie das Gewehr genommen und auf Kasper gerichtet. Die hat se nicht mehr alle. Aber unser Stand war besser besucht. Viel besser.« Und dann unvermittelt. »Wollen wir heute was machen? In den Wald?«

Ich atme tief durch.

»Nee, ich kann jetzt nicht in den Wald. Ich muss gleich runter, Abendessen mit der Familie. Mein Opa kommt.«

Hubert brummelt. Um ihn zu versöhnen sage ich:

»Hey, ich habe mich übrigens angemeldet. Das Camp!«

Endlich kommt er besser drauf, wird ruhiger.

»Und mein Vater hat mir die SKB geschenkt«, sage ich und merke im gleichen Moment, dass es ein Fehler war. Eine SKB ist sein Traum, ein Traum, für den er schon seit Jahren spart. Am anderen Ende wird es still.

»Hey, bist du noch da?«

»Cool, Glückwunsch.«

Er sagt es nüchtern, als ob mein Leben ein Spaziergang wäre, mir alles in den Schoß fallen und sein Leben zentnerschwer auf seinen

Schultern lasten würde. Er muss doch nicht Förster werden. Er kann doch machen, was er will! Aber wenn ich das sage, dann lächelt er nur, als ob ich das nicht verstehen würde.

Wenn es kein Erbstück wäre, würde ich Hubert die Flinte sogar schenken. Mir liegt viel weniger daran als ihm.

Schließlich beenden wir das Gespräch, und ich lasse mich zurückfallen. Und denke daran, wie ich Hubert zum ersten Mal getroffen habe. Auf einer Jagd, in einer Gruppe. Auf dem Land meines Vaters. Den Ländereien. Klar, das klingt märchenhaft, aber ich bilde mir nichts darauf ein. Ich weiß, dass sehr viel Verantwortung daran hängt, auf die ich nicht unbedingt scharf bin. Jedenfalls jetzt noch nicht.

Ich angle nach dem Buch, das ich weggelegt habe, als Hubert anrief. *Sterben* von Karl Ove Knausgård. Mein Philosophielehrer hat es mir zum Abi geschenkt.

»Weil dich die großen Fragen des Lebens interessieren.«

Stimmt. Aber *Sterben*? Das Buch ist grandios, ich liebe es schon nach den ersten Seiten und werde es sicher ganz lesen, auch die anderen Teile dieser Hexalogie, aber warum beginnt man mit *Sterben*? Und warum heißt erst das zweite Buch *Lieben*. Es geht doch mit *Lieben* los. Oder *Leben*. Aber das ist erst Band vier. Also Sterben.

Ich nehme das Lesezeichen aus dem Buch, lese über den Tod, wie Knausgård ihn beschreibt. Die Toten, das Sterben. Den Tod, den die Gesellschaft verdrängt. Knausgård hat recht, niemand lässt Tote herumliegen, sie werden immer sofort weggeschafft, als würden wir uns dafür schämen. Ich denke wieder an den Rehbock. Wir Jäger wertschätzen das Wild. Deshalb legen wir nach dem Jagen die Strecke. Alle erlegten Tiere werden auf die rechte Seite gelegt. Sortiert nach Wildart. Und dann wird für das Schalenwild ein Zweig gebrochen und in den Mund des Tieres gelegt. Wertschätzung.

Beachtung. Und auch der Jäger erhält einen Zweig mit dem Blut des von ihm erlegten Tieres. Anerkennung für das Wild, den Tod und den Jäger. Anschließend wird die Strecke verblasen. Jedes Wild hat ein eigenes Todsignal, es ist die letzte Ehrerweisung des Jägers an das Wild. So habe ich das gelernt. Und oft miterlebt.

Den Rehbock konnten wir nicht verblasen. Kein Hornsignal, denn das hätte jemand hören können. Drei betrunkene Jäger. Hubert hat mir trotzdem den Schützenbruch mitgegeben. Ich sehe zum Schreibtisch, wo der kleine Zweig liegt. Das Blut des Rehbocks klebt bräunlich an den grünen Blättern. Hubert wollte sogar, dass ich seinen Hut aufsetze und den Zweig anstecke, wie alle Jäger es machen. Wir waren ziemlich betrunken.

Hubert hat den Bock aufgebrochen, die Därme herausgenommen und mich für den guten Schuss gelobt. Weder Magen noch Darm getroffen, die Wildbrethygiene eingehalten. Ich kann das Blut immer noch riechen. Den Geruch des Körperfells. So anders, als ob der Angstschweiß ihn verändert hätte. Ich war noch nie so nah dran. Und ich spüre, dass es mich verändert. Ganz langsam.

Dann haben wir den Rehbock zum Auto getragen, schlaff und schwer, in den Kofferraum gelegt, wie Reisegepäck. Der Kofferraum ist immer mit Plastikfolie ausgelegt, auch das gehört zur Wildbrethygiene, aber diesmal kam ich mir vor wie ein Mörder, der sein Opfer vom Tatort schafft. Die schlanken Beine des Tieres, das Blut, die toten Augen.

Mein Handy klingelt, und ich schrecke auf. Ich lege das Buch weg, beuge mich zum Display. Philipp!

»Hey! Hast du die Karten?«

Obwohl er sie schon vor Wochen besorgen wollte, bin ich nicht sicher, ob es geklappt hat.

»Jep. Montag im *Gretchen*. 19 Uhr Einlass, 20 Uhr geht's los. Ich krieg vierzig Mücken von dir.«

Ich genieße einen Moment lang die Entspannung.

»Sehr gut. Klar, das Geld bring ich dir mit. Danke. Treffen wir uns dann Montag dort?«

»Wie fährst du denn hin?«

»Bahn und Rad.«

Wenn es irgendwie geht, fahre ich Rad. Ich bin nicht gerne in vollgestopften Bussen oder U-Bahn-Waggons eingeklemmt.

»Okay, aber du weißt, dass es scheißeweit ist, oder?«

»Ja, deshalb auch Rad *und* Bahn.«

Er lacht. »Wird echt Zeit, dass wir den Führerschein machen.«

»Oder du etwas mehr trainierst!«

Er schnaubt empört, das höre ich sogar durchs Telefon.

»Ich bin trainiert, Alter, aber ein Auto ... das wäre cool.«

Finde ich nicht unbedingt. Ich hatte die Wahl, ob meine Eltern mir nach dem Abi eine Reise spendieren oder den Führerschein. Und hab mich für die Reise entschieden. Island. Ich bereue das nicht.

»In der Stadt ist ein Auto sowieso nur lästig.«

Er lacht. »Hey, du Sportfanatiker. Ach übrigens: Wie war denn deine Jägerprüfung?«

»Super. Hab bestanden.«

»Okay. Und jetzt – darfst du ... jagen?«

Er sagt es mit einem amüsierten Unterton, doch ich ignoriere das einfach.

»Genau.«

Er kann nicht viel mit der Jagd anfangen. Für ihn ist es eine Sportart, die er lächerlich findet. Altmodisch, überholt, überflüssig. Ich rede auch kaum mit ihm darüber, das ist eher eine Sache zwischen Hubert und mir.

Philipp räuspert sich.

»Ach und übrigens: Thea kommt sicher. Ich hab Klara gestern am See getroffen. Sie haben Karten.«

Okay, obwohl ich ein echter Fan von *Ásgeir* bin, ist das der eigentliche Grund, warum es mir so wichtig ist, dorthin zu gehen. Thea kommt. Sicher.

»Ach ja?«, sage ich betont entspannt.

Philipp weiß, dass ich in Thea verliebt bin, aber ich will die Sache nicht wieder so hoch hängen wie vor der Abifeier.

»Ihre Freundin meinte, sie liebt die Sprache. Isländisch. Hey, vielleicht fährt sie mit dir nach Island.«

Das denke ich nicht. Thea ist nicht der Typ für Reisen in die Wildnis. Ein singender Isländer, der gerade total angesagt ist, ist etwas anderes als eine steinige, moosige Landschaft. Ohne Menschen, ohne Partys.

Es klopft.

»Ludwig?«

Mein Opa. Es klopft wieder, er wartet nicht gerne.

»Philipp? Ich muss Schluss machen. Wir sehen uns Montag. Ich hol dich ab.«

Ich springe auf, aber mein Opa kommt schon herein.

»Junge! Was für ein Jahr. Gratulation.«

Keine Einleitung, so ist er. Er tritt auf mich zu, umarmt mich auf seine männliche, leicht distanzierte Art und klopft mir fest auf den Rücken.

»Wo ist die Flinte?«

Seine Stimme ist laut und energisch, vielleicht auch, weil er nicht mehr so gut hört.

»Liegt unten. Papa hat sie mir zum Frühstück gegeben. Danke«, sage ich lauter, als ich sonst spreche.

»Du musst nicht mir danken. Ich habe sie schon lange weitergegeben.«

Er löst sich von mir, nickt zum Schreibtisch. »Und was ist das?«

Er nimmt den Zweig auf, hält ihn an die Nase.

»Ein Schützenbruch?«

Ich fluche innerlich, dass ich den Zweig so offen liegen gelassen habe.

»Von Hubert.«

»Wie bitte?«

»Von Hubert!«, schreie ich und erschrecke mich selbst vor meiner Stimme, die leicht genervt klingt.

»Der ist noch ganz frisch. Und wieso ist der bei dir?«

Ich lüge nicht gerne. Aber erzählen kann ich es auch nicht. Die Jagdbräuche sind meinem Opa heilig.

»Ist einfach passiert, ich bring ihn morgen zurück.«

Er legt den Kopf leicht schief. So stehen wir einen Moment. Ich hoffe, er vergisst es einfach, denn sein Gedächtnis lässt auch langsam nach.

»Also, du hast jetzt den Jagdschein. Und ich habe auch etwas für dich.«

Er zieht ein kleines, längliches Päckchen aus der Tasche seiner Weste.

»Danke.«

Ich öffne es, während meine Gedanken noch bei dem Bruch auf dem Schreibtisch sind. Ich hätte ihn gleich wegwerfen sollen. Aber dieser Zweig ist die Wertschätzung, er ist wichtig.

»Oh, ein Jagdmesser!«

Ich umschließe den Hirschhorngriff, taste über die scharfe Klinge.

»Es eignet sich gut zum Abfangen, aber du kannst auch damit Ausnehmen. Ich habe das gleiche.«

»Danke.«

Ich denke an Karl Ove Knausgård. Dass wir den Tod verstecken. Nicht nur den Tod, auch das Töten. Abfangen heißt, dem Tier einen Stich in die Brust oder das Herz zu geben. Man kann ihm auch einen

Stich in den Nacken geben, falls man es schlecht getroffen hat. Dann heißt es abnicken. Abfangen und abnicken, aber eigentlich meinen wir töten. Wir verstecken Wörter hinter anderen Wörtern. Wir verstecken den Tod.

»Es gefällt mir.«

Es ist ein schönes Messer. Ich denke an Hubert, der sicher wieder sauer ist, weil ich immer das Beste bekomme. Der goldene Löffel im Mund, den er mir immer vorwirft.

Mein Opa klopft mir auf die Schulter.

»Und jetzt sollten wir runtergehen und essen. Deine Mutter hat gekocht. Es gibt Rehrücken.«

3

In The Silence

– Marie –

»Komm, verrat es mir!«

Timo grinst. »Nein, es ist eine Überraschung.«

»Ich hasse Überraschungen. Sag schon.«

»Pssst, leise!«, zischt Molly, die vor uns sitzt.

Ich sehe zu Timo, hebe die Augenbrauen. Die Greenpeace-Treffen sind keine Schulstunden, also was regt Molly sich so auf? Normalerweise diskutieren wir mehr, der Vortrag ist eine Ausnahme. Und im Grunde nur eine Einführung zu *Before The Flood* von Leonardo DiCaprio, den Film über das Schmelzen der Polkappen, der Erwärmung unseres Planeten. Klar, das ist wichtig. Timo und ich haben uns sogar darum gekümmert, dass wir den Film im Kino sehen können, wir haben das organisiert. Und – nebenbei bemerkt – auch diesen Vortrag hier. Molly ist bestimmt nur schlecht drauf, weil sie mal wieder unglücklich verliebt ist. Ich beuge mich zu Timo, flüstere.

»Ist sie in dich verliebt?«

Er wird rot, und ich grinse. »Deshalb zickt sie mich so an!«

»Glaub ich nicht«, sagt Timo so laut, dass Molly sich wieder umdreht.

»Geht doch raus, wenn es euch nicht interessiert!«

Ich sehe zu Timo. *Wollen wir?*

Draußen ist es angenehm warm. Ich halte mein Gesicht in die Nachmittagssonne, schließe die Augen, rieche den Sommer.

»Du wolltest sie nur provozieren«, sagt Timo.

Ich blinzle. »Was regt sie sich so auf? Wir haben das organisiert. Und warum zischt sie immer *mich* an. Du warst auch laut.«

Timo schweigt.

»Was?«

»Ich denke mal, es ist wegen der Henne«, sagt er schließlich.

»Henny?«

»Ja, weil ...«

Ich gehe auf Timo zu. Kann es echt sein, dass er auf ihrer Seite ist? Bloß, weil ich eine Henne mehr mitgenommen habe?

»Weil ich Henny befreit habe?«

Timo wirft die Hände hoch, ballt sie zu Fäusten. Ich kenne die Geste. *Superfrust*.

»Nein, sie ... sie findet halt, dass du dich nie an irgendetwas hältst und ...«

»Und du findest, sie hat recht.«

»Hab ich das gesagt? Nein, ich glaube nur ... sie werden dich bei den nächsten Aktionen nicht mehr mitnehmen. Und das finde ich ... beschissen.«

»Haben sie das gesagt? Robin?«

»Ja. Aber ... er war nur sauer, weil ich nicht mit dem Transporter gewartet habe. Aber das war mir echt zu gefährlich mit dem Wachschutz.«

Ich atme tief ein, dann aus. »Du hast alles richtig gemacht.«

Er nickt unsicher, grinst dann.

»Wie geht es Henny denn eigentlich?«

Ich muss kichern. »Sie hat das ganze Kräuterbeet zerlegt. Meine Mutter war erst total genervt, dann hatte sie die Idee, eine Art Kolumne über Henny zu schreiben. Für ihre Zeitung.«

»Ow, ow ...«

»Was?«

»Na ja, das könnte peinlich werden. Henny hat sicher einen Ring. Wenn man den mal genau ansieht ... Dann kommt raus, dass du sie gestohlen hast.«

»Befreit!«

Timo lacht, auf einmal wieder ganz entspannt. Ich gehe auf ihn zu, umarme ihn und grabe mein Gesicht in seine Halskuhle, wie ich es oft mache. Ich mag seinen Geruch, nach Marzipan und etwas Nikotin, weil er manchmal raucht, wenn er nervös ist. Er versteift sich, legt nicht die Arme um mich wie sonst. Ich schiebe ihn von mir weg.

»Was ist jetzt?«

»Ich muss mit dir reden.«

Ich halte kurz die Luft an, lächle. »Das Geheimnis?«

»Nein, das ist ... was anderes.«

»Dann rede.«

»Nein, lieber danach. Denn, also ... ich habe Karten für heute Abend. Ein Konzert.«

Ich umarme ihn einfach wieder, obwohl Timo auch diesmal steif stehen bleibt. »Was für ein Konzert?«, flüstere ich dicht an seinem Hals.

»Das ist das Geheimnis.«

»Sag schon«, hauche ich in sein Ohr.

Er schiebt mich sanft weg, ist auf einmal sehr ernst. Er fingert eine Zigarette aus seiner Hemdtasche, hält sie nur in der Hand und steckt sie dann wieder weg

»Lass uns wieder hochgehen, okay?«

Oben ist der Vortrag zu Ende, alle stehen im Raum und diskutieren in kleinen Gruppen. Ich gehe zu Molly, die mit einem neuen Mädchen spricht.

»... die Jaggies treffen sich einmal die Woche hier in der Fabrik. Der Kinobesuch diese Woche ist eine Sonderveranstaltung. Da kannst du natürlich auch gerne kommen.«

Das Mädchen nickt eifrig, sieht fragend zu mir.

»Ich bin Marie! Willkommen.« Ich reiche ihr die Hand. »Der Film ist großartig, du solltest unbedingt kommen.« Ich lächle, sehe zu Molly. »Kann ich dich kurz sprechen?«

Das Mädchen zieht sich zurück. Ich gehe mit Molly an das Ende des Raumes, hier können wir reden.

»Bist du sauer auf mich? Wegen der Henne, die ich noch mitgenommen habe?«, sage ich direkt.

Sie senkt die Stimme, sieht sich gestresst um, flüstert.

»Du solltest eigentlich gar nicht mit reinkommen in die Halle. Du solltest beim Wagen bleiben.«

»Stimmt.«

Sie blinzelt unsicher. »Wollte Timo, dass du mit mir redest?«

»Nein. Ich sehe nur, dass du sauer auf mich bist, und darüber sollten wir reden, oder? Wir sind hier eine Gruppe und müssen zusammenhalten. Wenn wir uns schon streiten, wie soll dann der Weltfrieden entstehen?«

Molly lächelt etwas, dann wird sie wieder ernst.

»Ich finde nur, du solltest dich an die Absprachen halten.«

»Okay, ja, ich wollte auch draußen warten, aber dann ... Ich musste einfach sehen, wie es da aussieht. Im Stall.«

»Stall!« Molly bläst sich ärgerlich eine Strähne aus dem Gesicht. »Da war ja noch nicht mal Heu oder Lehmboden.«

»Und der Geruch, oder?«

»Oh ja, das war fürchterlich.«

Auf einmal sind wir uns ganz einig. Es tut gut, mit jemandem zu reden, der auch dabei war. Es gesehen hat.

»Tut mir leid, dass ich die Henne einfach mitgenommen habe. Ich ... glaube, ich wollte sie einfach nur berühren«, sage ich, denn ich möchte, dass sie es versteht. »Spüren, wie sie sich anfühlt. Und sie war so ... zerbrechlich. Ich konnte sie einfach nicht wieder zurücksetzen.«

Molly nickt. »Ja, ging mir genauso. Wo hast du deine denn jetzt?«

»Im Garten.« Ich verdrehe gespielt genervt die Augen. »Sie zerstört gerade das Kräuterbeet meiner Mutter.«

Molly grinst. »Ja, so sind Hühner.«

»Und was hast du mit deinen gemacht?«

Sie sagt nichts, erst als ich sie fragend ansehe.

»Ich habe keine genommen. Mietwohnung, geht halt nicht.« Sie sagt es kurz und knapp, es klingt fast hart.

»Okay, verstehe.«

Wir schweigen kurz. Ich habe keine Ahnung, wo Molly wohnt. Eigentlich weiß ich kaum etwas über sie.

»Hey, wir sollten mal was zusammen trinken gehen«, schlage ich vor. »Tee oder ...«

»Fairtrade-Kaffee!«

Jetzt lachen wir beide. Ich mag Molly.

Timo geht mit einem suchenden Blick an uns vorbei. Ich winke ihm zu. Er tippt auf seine Sportuhr. »Wir müssen los.«

»Jetzt schon?«

»Ja, ist ziemlich weit, der Weg und so.«

Molly versteinert komplett. Langsam habe ich wirklich das Gefühl, sie ist verliebt in Timo.

»Okay, dann gehen wir.« Ich winke Molly. »Bis bald!«

– Ludwig –

Ich bin vollkommen durchgeschwitzt. Okay, es war nicht so eine gute Idee, die halbe Strecke bis nach Kreuzberg mit dem Rad zu fahren. Wir steigen ab. Ich bin zum ersten Mal im *Gretchen*. Eine trostlose 60er-Jahre-Architektur, an einer stark befahrenen Straße. Den Ort habe ich mir anders vorgestellt. Irgendwie romantischer oder zumindest cool.

Philipp schiebt sein Rad neben meins.

»Wollen wir die Räder zusammenschließen?«

»Nein, schon okay.«

Mit meinem Vintage-Rennrad bin ich pingelig. Ich will nicht, dass der Lack Kratzer bekommt. Ich habe viele Stunden in das alte Rad gesteckt, um es wieder aufzubauen, die Rahmenschaltung selbst eingestellt, und mir ist vollkommen klar, dass das irgendwie uncool ist. Gerade hier und mit Philipp.

»Okay, ja, schließen wir die Räder zusammen«, korrigiere ich mich daher. Ich sollte mich entspannen. Und vor allem nicht ständig daran denken, dass Thea vielleicht hier ist.

Philipp stellt sein Mountainbike neben das Rennrad.

»Ludwig!«

Wir drehen uns zu der Schlange vor dem Club um. Es sind sehr viele und sehr unterschiedliche Leute da, aber niemand sticht hervor. Ich versuche zu erkennen, wer mich gerufen haben könnte. Thea? Aber die Stimme war viel zu tief.

»Hier!«

Eine Hand wedelt weiter vorne in der Schlange. Ich erkenne Kasper an seinen roten Haaren, obwohl er sonst vollkommen verändert aussieht. Eigentlich kenne ich ihn nur in seiner Jägerkleidung. Jetzt trägt er ein T-Shirt und Jeans und hat seine roten Haare hochgekämmt. Ich muss grinsen, denn für Kasper ist das wild.

Philipp nickt rüber. »Hey, kennst du den?«

»Ja, ist ein Freund.«

»Geil, dann müssen wir uns nicht hinten anstellen.«

Philipp geht los, aber ich bleibe stehen und lasse den Blick noch einmal über die Wartenden schweifen. Irgendwo hier ist Thea. Wenn ich sie entdecke, dann könnte ich zu ihr gehen. Denn die Schlange ist endlos, das wäre also ein guter Grund. Wir würden reden, und ich könnte mal mehr als *Hallo* und *Tschüss* zu ihr sagen. Reden. Gut. Aber worüber? Mir wird klar, dass ich keine Ahnung habe, was Thea wirklich interessiert.

Philipp stößt mich an. »Kommst du jetzt?«

»Ja, klar.«

Wir gehen zu Kasper, der aufgeregt winkt, als ob wir ihn sonst nicht finden würden. Okay, er ist nicht sehr groß. Ganz intuitiv sehe ich mich nach Hubert um, irgendwie erwarte ich ihn in Kaspers Nähe, ich kenne die beiden nur zusammen.

Wir geben uns förmlich die Hand wie sonst auch unter Jägern. In der Schule geben wir uns nie die Hand, jetzt fällt mir das auf. Philipp wartet hinter mir, beobachtet uns.

»Das ist Philipp«, stelle ich ihn vor. Philipp winkt nur kurz. »Und das ist Kasper. Bist du allein hier?«

»Ja, meine Schwester hat mir die Karte gegeben. Sie ist krank. Kennst du die Gruppe?«

»*Ásgeir*? Ja, klar. Ich bin gespannt, was sie heute spielen.«

»Und? Wie ist die Musik so?«

Ich überlege.

»Pop!«, sagt Philipp, der eigentlich nur einen Song von *Ásgeir* kennt.

»Nein, nein. Eher eine Folk-Indie-Mischung.«

»Und Elektro!«, sagt das Mädchen, das vor uns steht und dreht sich zu uns zurück. Sie lächelt. Stark und selbstbewusst. Sie hat lange Dreadlocks, die sie wie eine stolze Königin trägt. Und die Augen! Intensiv leuchtend.

»Elektro?«, sage ich, obwohl es stimmt. *Ásgeirs* letztes Album hatte viele Elektro-Sounds. Aber ich will ihr nicht einfach nur zustimmen.

»Wie würdest du es denn nennen?«, sagt sie.

»Feengesang!«

Ich weiß nicht, wieso mir das einfällt, und schon gar nicht, warum ich es einfach laut sage.

»Uhhh!«, lacht Philipp. »Da spricht der Musikkenner.«

»Oder der Feenkenner«, sagt sie und lacht leise. »Mich erinnert *Ásgeir* an *Bon Iver*. Und stimmt schon, dann ist es wohl doch eher Indie-Folk.«

Sie kennt *Bon Iver?!*

»*Bon Iver!* Was ist dein Lieblingssong?«

Sie überlegt kurz, was heißt, dass sie mehr als einen Song von ihm kennt. Genial.

»Holocene.«

»Stimmt, der ist gut. Kennst du *Of Monsters and Men*?«

Es ist auch eine isländische Band, die kennt sie bestimmt.

»Vielleicht«, sagt sie.

»Die klingen ein bisschen wie *Mumfort & Sons*.«

Sie legt den Kopf schief, lächelt. »Okay, vielleicht kenne ich sie. Sing mal was.«

Philipp stößt mich an. »Ow, Alter, jetzt hast du ein Problem.«

»Nein, wieso?«

Immerhin habe ich in der Schule im Chor gesungen. Darüber hat er sich oft genug lustig gemacht.

»Dededä dadädä …«

Little Talks. Das wird sie auf jeden Fall kennen, selbst wenn sie die Band nicht kennt. Während ich die Melodie singe, obwohl man es eigentlich nicht singen kann, wird ihr Grinsen immer breiter. Und dann kapiere ich.

»Hey, du kennst die Band ganz genau!«

Sie wirft den Kopf zurück und lacht, wie ich noch nie ein Mädchen habe lachen hören. Frei und glucksend und so ansteckend, dass sogar Kasper anfängt zu grinsen.

»Sie wollte dich nur singen hören, Alter«, sagt Philipp, der das alles kommentiert, als wäre es ein YouTube-Video.

Aber nein, das ist real. Das passiert gerade wirklich.

Irgendetwas verschiebt sich in mir, ein sanfter Ruck. Etwas, was mir selten passiert, vielleicht, wenn ich im Wald bin und die Sonne schräg durch die Bäume fällt, das Licht sich breit ausfächert und die Vögel nur noch selten zwitschern, wie um die Stimmung nicht zu stören, die absolute Ruhe im Wald. Und auf einmal ist es mir egal, dass irgendwo Thea ist oder wer Thea überhaupt ist. Unwichtig. Denn das hier, das fühlt sich so viel besser an. So viel größer. Dieses Gefühl, als ob die Welt sich zusammenzieht, alles ganz dicht wird und intensiv und nur noch dieser Moment, dieses Leben zählt. Sie, ich, wir beide. Ich sehe sie an, direkt in ihre Augen. Unsere Blicke verhaken sich. Ich falle, stürze, sinke in dieses Grün, das mich an die Bergseen in Island erinnert, das grüne Moos, die weite Landschaft. Sie würde mit mir nach Island fahren. Ganz bestimmt. Ich habe sogar das Gefühl, wenn ich es ihr jetzt vorschlagen würde, wäre sie sofort dabei. *Oder?*

Sie lächelt etwas, und ich frage mich, ob sie gerade meine Gedanken gelesen hat, weil mir das möglich erscheint. Ihre Lippen kräuseln sich amüsiert, aber auch, als ob sie das hier zwischen uns sehr genießen würde. Was auch immer es ist.

»Ich bin mir nicht sicher. Sing mal mit Text.«

Ich ziehe eine Augenbraue hoch. Okay, ich glaube ihr kein Wort. Sie will mich nur testen.

Jetzt dreht sich ein Junge neben ihr um. Vermutlich ihr Freund, jedenfalls tritt er beschützend neben sie. Sein Blick sagt: Mein Besitz!

Hey, reg dich ab!, denke ich, es ist nur ein Gespräch.

»Okay, wenn du mitsingst«, sage ich.

Philipp jault auf. »Leute, wir gehen gleich in ein Konzert, da wird genug gesungen.«

»Wir müssen vorrücken«, sagt ihr Freund ernst, als wäre das gerade ungeheuer wichtig, aber sie hört nicht auf ihn.

Sie macht einen halben Schritt rückwärts, bleibt mir zugewandt, und ihr Freund ist jetzt richtig genervt. Seltsamerweise stört mich das überhaupt nicht.

»Okay, los!«, ruft Philipp und skandiert: »Hey! – Hey! – Hey!«, denn so beginnt der Song.

Ich nicke ihr zu, es ist ein Duett, erst singt die weibliche Stimme, dann die männliche, also muss sie anfangen. Eigentlich ist es eher eine Art Sprechgesang. Kennt sie den Text?

Sie lächelt. »*I don't – like – walking around this old and empty house* ...«

Allerdings, sie kennt ihn ganz genau. Also doch. Das kann kein Zufall sein. Das ist der Wahnsinn.

»*So hold my hand, I'll walk with you my dear* ...«, setze ich die zweite Zeile fort. Und dann sie wieder: »*The stairs creak – as – I sleep, it's keeping me awake.*« Wir finden einen Rhythmus. Ich singe: »*It's the house – telling you to close your eyes.*« Sie schließt die Augen. »*And some days ... dädädää* ...«, summt sie schräg weiter, wirft dann die Arme hoch. »So ein Mist, ich kann den Text nicht mehr!«

»Hey! – Hey! – Hey!«, skandiert Philipp, aber der Refrain ist noch lange nicht dran.

Auch Kasper nickt mit, obwohl er vermutlich weder die Gruppe noch das Lied oder den Text kennt.

»*'Cause tough the truth may vary ...*«, beginne ich den Refrain, der von beiden Stimmen gesungen wird. Sie stimmt ein: »*This ship will carry our bodies safe to ...*« Aber dann verhaspeln wir uns beide mit der Melodie und dem Text und müssen lachen.

»Verdammt, ist das schwer!«

»War doch gut«, sagt Kasper, der sonst nie etwas ungefragt beiträgt. Es ist, als ob sie alle und alles um sich herum magnetisiert, verzaubert.

»Oh, danke«, sagt sie und sieht zu Kasper. Sie stutzt. »Hey, kenn ich dich von irgendwoher?«

Kasper wird knallrot. Im roten Licht des Eingangs sieht er wie ein Feuermelder aus.

»Bist du ein Jaggie?«, fragt sie.

»Ein was?«

»Meinst du Jäger?«, sagt Philipp.

Doch keiner hört ihm richtig zu, denn wir sind am Eingang angelangt, wo erst unsere Taschen und dann die Karten kontrolliert werden. Ein Gedränge, kurz darauf sind wir im *Gretchen*.

Der Club ist voll, und fast sofort verliere ich sie und ihren Freund aus den Augen. Vielleicht hat er sie auch einfach weggezerrt. Und wieder wundere ich mich, dass es mich nicht stört. Ich werde sie wiederfinden. Irgendwie. Da bin ich mir ganz sicher.

»Jaggies?«, brüllt Philipp, denn hier drinnen ist es laut. »Was hat sie damit gemeint?«

Ich zucke mit den Schultern. Er holt sein iPhone heraus und googelt. Ich sehe in den Saal, eine hohe Fabrikhalle mit schlanken Säulen und einer hochgewölbten Decke. Auf die Seitenwände werden zum Beat der Musik Bilder projiziert. Ich sehe zur Bühne, die noch leer ist, die Musik kommt noch aus den Boxen. Ich überlege, ob es eine Vorband gibt. Ich wende mich zu Kasper, der immer noch rot ist.

»Kennst du sie?«, sage ich gerade so laut, dass er es verstehen kann. Kasper zuckt mit den Schultern, was Ja oder Nein oder auch gar nichts bedeuten kann. Wenn Hubert nicht dabei ist, hat Kasper keine Meinung.

»Jaggies, so heißt die Jugendorganisation von Greenpeace.« Philipp sieht von seinem Handy auf. Er nickt zu Kasper. »Bist du bei denen?«

Kasper schüttelt den Kopf, wird schon wieder rot.

»Ich hol mal Bier!«, sagt Philipp, was ich nur an seinen Lippen ablesen kann, und verschwindet.

»Kennst du sie?«, frage ich Kasper erneut, als Philipp weg ist, denn ein Gefühl sagt mir, dass ich das besser nur mit ihm allein besprechen sollte. Kasper überlegt kurz.

»Vielleicht …«

– Marie –

»War das nicht der Typ vom Straßenfest? Der Jäger?«

Das Gretchen ist gerammelt voll, es ist warm, und die Elektromusik wummert gegen mein Trommelfell. Manchmal spüre ich ganz deutlich, dass ich lebe. Dass wir alle hier leben, auf diesem Planeten zusammen, was einfach das Größte ist. Diese wunderbare blaue Kugel, die durch den Weltraum taumelt. Das Licht, die Wärme, die Musik, die Energie.

»Marie!«

»Was?«

Ich drehe mich zu Timo, der mich seltsam ansieht, dann fällt mir seine Frage wieder ein.

»Kann sein.«

Ich blicke zur Bühne, gleich kommt *Ásgeir*. *Wow!* Ich war wochenlang deprimiert, dass ich keine Karten mehr bekommen habe, und nun bin ich doch hier.

»Wie bist du an die Karten gekommen? Das ist der Wahnsinn! Danke!«

Ich schreie, was nicht ganz zu meiner Danksagung passt, also umarme ich Timo. Ich spüre sein Herz schlagen, aber meins schlägt schneller, es rast vor Aufregung. Ich muss an den Jungen denken, eben. Ein Island-Fan, genau wie ich. Und ein Musikfan. Isländische Bands. Klar, sind hier *Island-Fans*, aber wer steht sonst noch auf *Of Monsters and Men* und *Bon Iver* und kennt sich damit aus? Okay, vielleicht jeder hier. Ich sehe mich um. Aber wer sieht noch so gut aus? Ich lache, weil mir das normalerweise komplett egal ist. Wie jemand aussieht. Aber er konnte auch verdammt gut singen. Und hat einfach losgesungen!

Timo löst sich von mir. »Was ist?«

»Ich weiß nicht, ich bin einfach nur ... glücklich. Danke, danke, danke für die Einladung. Komm, ich will näher ran.«

Ich ziehe Timo weit nach vorne zur Bühne. Vielleicht wird ER auch nah an die Bühne gehen, wenn er ein Fan ist. Aber eigentlich denke ich nicht, sondern lasse mich treiben, folge meinem Gefühl.

Und Timo folgt mir.

Vorne sehe ich, dass es das Set von *Ásgeir* ist. Die Roadies kommen auf die Bühne und kümmern sich um die Instrumente. Ich spüre das Flattern im Magen, als würde ich jetzt gleich selbst auf die Bühne gehen, spielen, die Menge rocken. Ich sehe zu Timo, frage mich, ob er den gleichen Gedanken hat. Wohl eher nicht. Er starrt sehr ernst auf die Bühne und sieht dann zu mir.

»Ich hol mal was zu trinken. Was möchtest du?«

»Bier.«

Ich suche in meiner Tasche, einem kleinen Rucksack, nach Geld, aber er winkt ab.

»Du bist doch eingeladen.«

Timo drängt sich zur Bar. Die Lücke, die er hinterlässt, schließt sich sofort wieder, immer mehr Leute stellen sich an die Bühne, erobern sich einen guten Platz. Ein Mädchen drängt sich vor mich, hält ihr Smartphone hoch, filmt. Statt der Bühne sehe ich nun das Display, auf dem alles zusammengeschrumpft und klein aussieht, als könnte man das Konzert so einfangen, es in der Tasche nach Hause tragen und später seinen Freunden vorspielen. *Nein!* Als wäre es das Gleiche. Nein. Niemals. Nur das hier ist echt, und ich will es so intensiv wie möglich erleben.

Das Set ist aufgebaut, es geht jeden Moment los, ich sehe mich um und ertappe mich dabei, wie ich wieder nach IHM Ausschau halte.

Die Menge fängt an zu kreischen, als *Ásgeir* und seine Band auf die Bühne kommen und ganz ruhig an ihre Instrumente gehen. Sehr entspannt, das kenne ich schon von der Band. Weil sie auf den ganzen Ruhm, das laute Geschrei, die Aufmerksamkeit gar keinen Wert legen. Denn es geht um die Musik, das ist die Botschaft. Manchmal tragen sie Flanellhemden oder dicke Pullover, als ob es ein Ausflug in die Landschaft wäre, kein Konzert. Hinter ihnen leuchten die für *Ásgeirs* Bühnenshow typischen Lichtsäulen auf. Licht-Geysire, die auf- und absteigen, während die Band spielt. *Sie fangen an! Afterglow*. Ich hoffe, sie singen heute auch auf Isländisch.

Wo ist Timo?

Ich sehe mich um, zur Bar, zwei Leute drängen sich vor mich, und das Mädchen hält wieder ihr Smartphone hoch. Jemand kommt mit Bier, aber es ist nicht Timo. Er stößt gegen meine Nachbarin. *Shit*!

»Sorry!«, lallt der Typ, und das klebrige Bier läuft meinen T-Shirt-Ärmel hinunter. So ein Mist. Einen Moment überlege ich, das Konzert so weiterzuhören, aber es stört mich doch zu sehr. Ich will hier nicht klebrig und nach Bier stinkend stehen, so kann ich das Konzert nicht genießen. Ich schiebe mich an dem Typen vorbei zu den Toiletten, die hinter der Bühne liegen, sehe kurz zurück zur Bar, ob Timo da steht, entdecke ihn nicht und dränge mich weiter vor. Zum Glück muss ich bei den Toiletten nicht anstehen.

Vor den Waschräumen schreibe ich Timo eine WhatsApp-Nachricht, denn bis ich mich zurückgeschoben habe, kann es dauern. Am Waschbecken ziehe ich das T-Shirt aus, darunter trage ich ein Trägertop, das wenig abbekommen hat. Ich sehe in den Spiegel und bin ganz ruhig. Ich könnte mich auch ärgern, richtig ärgern, aber was bringt das? Außerdem bin ich gerade einfach nur glücklich, das kann mir keiner wegnehmen. Das Einzige, was mir leidtut, ist, dass ich *Ásgeirs* ersten Song verpasse. Ich wasche das T-Shirt am Ärmel aus und hänge es dann an meinen kleinen Rucksack und gehe zurück auf den Gang vor den Toiletten. So heiß, wie es im Club ist, wird es vermutlich während des Konzerts trocknen. Ich sehe nach, ob Timo mir geantwortet hat. Ob wir uns besser an der Bar treffen oder wieder vor der Bühne. Irgendwie hat mir der Platz da vorne kein Glück gebracht. Man hört die Musik von der Bühne. Zweiter Song. *Keine Nachricht von Timo.*

»Hallo!«

Keiner meiner Freunde sagt *Hallo*. Alle sagen *Hey* oder *Ey,* daher komme ich im ersten Moment nicht darauf, dass ich gemeint bin.

»Hallo?«

Ich sehe auf, und da steht ER.

»Ach, hey. Du!«

Seine Haare sind feucht und nach hinten gekämmt, aber die blonden Locken springen trotzdem auf, kringeln sich um seine Ohren, als wäre es schwer, sie zu bändigen. Jetzt fällt mir das dunkelblaue Poloshirt auf, das er trägt, mit dem kleinen Krokodil. Vielleicht, weil er die Jacke nicht mehr anhat, die bei der Hitze sowieso viel zu warm ist. Er sieht frisch aus, als hätte er geduscht. Ich lächle, einfach weil er da ist.

»Hast du auch Bier abbekommen?«

Er kneift die Augen leicht zusammen, und mir wird klar, dass ich ziemlich kryptisch klinge, was typisch ist, wenn ich nervös bin. Er macht mich nervös. Der ernste Blick seiner dunkelblauen Augen, seine trainierten Arme, die er lässig halb verschränkt vor den Körper hält. Eigentlich sehen so Snobs aus. Verwöhnte Söhne reicher Eltern, aber nichts an seinem Blick oder seiner Art passt dazu. Ich will etwas sagen, aber ich kriege nichts heraus. Auch typisch. Wann hat mich ein Junge das letzte Mal so aus dem Konzept gebracht?

Ich schnippe den Spaghettiträger meines Tops mit dem Daumen, was wohl so viel heißen soll wie: *Wundere dich nicht, dass ich so wenig anhabe*. Was ihm vermutlich gar nicht auffällt.

Sein Blick hellt sich auf, jetzt hat er verstanden.

»Jemand hat Bier über dich gekippt? Oh, das tut mir leid.«

Er sagt es ganz ernst und fast förmlich, was mir gefällt.

»War nicht so schlimm.«

Mit einer eleganten Geste deutet er hinter sich, Richtung Saal. »Ich glaube, dein Freund sucht dich.«

»Er ist nicht mein Freund. Also ... schon ein Freund.«

Wir lachen, erleichtert, dass das geklärt ist.

»Ganz schön voll da drin ...«, sagt er, und ich nicke.

Wir erwarten wohl beide, dass einer von uns wieder reingeht, aber stattdessen bleiben wir hier stehen, im Durchgang, und sehen uns nur an.

»Warst du schon bei vielen Konzerten von *Ásgeir*?«, frage ich schließlich, weil ihn anzusehen ganz schön intensiv ist.

»Nein, das ist mein erstes. Ich habe auf einem Island-Blog über ihn gelesen und mir dann die Platten geholt, und ...«

»Platten?«, unterbreche ich ihn.

»Ja, ich höre lieber Vinyl. Das klingt ... echter.«

»Wenn man eine gute Anlage hat«, sage ich, doch im gleichen

Moment wird mir klar, dass er sicher eine gute Anlage haben wird. *Natürlich.*

»Wie hörst *du* denn am liebsten Musik?«, fragt er.

Ich lächle. »Live.«

Er richtet sich sofort auf, als wäre er unaufmerksam gewesen und würde mich aufhalten.

»Dann sollten wir vielleicht wieder reingehen.«

»Ja …«

Doch eigentlich will ich das nicht. Das hier ist spannend, neu, aufregend. Ich will nicht gehen, also lehne ich mich an die Wand. Und da er sich nicht rührt, will er es offenbar auch nicht. Ich könnte ewig hier lehnen und ihn einfach nur ansehen. Er passt gar nicht richtig in den Club, er ist viel zu konzentriert und zu höflich.

Ein Mädchen geht an uns vorbei, dreht sich plötzlich um.

»Ludwig?«

Eine große, schlanke Schönheit, mit schwarzen, langen und sehr glatten Haaren und genau so viel Make-up, dass man es für nicht vorhanden halten könnte.

Ludwig also. Er richtet sich überrascht auf.

»Oh, hallo!«

Er wirkt überrumpelt, für einen Moment verwirrt, dann fällt ihm wohl ein, dass ich noch da bin.

»Thea, das ist …«

»Marie!«, sage ich und gebe ihr die Hand, denn sie hält mir ihre hin.

»Thea von Wolfenstein.«

Für einen Moment bin ich fasziniert von ihren perlmuttfarbenen Nägeln, die sehr echt aussehen, weil sie echt sind, wie mir kurz darauf klar wird. Ihr Händedruck ist eher flüchtig. *Am Händedruck erkennst du die Menschen*, sagt mein Vater immer. Dieser ist kaum vorhanden, hat aber gerade deshalb etwas sehr Vornehmes. Sie trägt ein weißes T-Shirt zu einer winzigen Strickjacke und Jeans, die genau an den richtigen Stellen leicht zerrissen sind. Über ihrer Schulter baumelt eine kleine Ledertasche, aus der sie jetzt eine Lederhülle zieht und aufklappt. Das neuste iPhone.

Sie sieht kurz zu ihm. »Klara ist auch hier. Ich sag ihr Bescheid, wir können ja zusammen was an der Bar trinken.«

Da sie mich dabei nicht ansieht, geht es anscheinend nur um Ludwig. Auf einmal fühle ich mich nackt. Als würde man am Strand im Bikini zwei komplett angezogene Menschen treffen.

»Ich geh dann mal wieder rein«, sage ich, denn ich werde nicht gerne ignoriert.

Er reißt den Blick von ihr los, wirkt leicht paralysiert. »Ja?« Und als ich gehe. »Warte!«

Doch ich gehe trotzdem weiter und spüre seinen Blick wie eine zarte Berührung im Nacken. Das Spiel hat begonnen.

– Ludwig –

Wenn mir das vor, sagen wir, zwei Monaten oder zwei Wochen oder auch nur zwei Tagen passiert wäre, wäre ich begeistert gewesen. Thea und ich in einem Club! Sie spricht *mich* an. Doch jetzt ist mir das egal. Ich hätte sie noch nicht mal bemerkt und eigentlich nicht für möglich gehalten, dass man in den Raum eintreten kann, der zwischen IHR und mir ist. Marie. Der Name passt zu ihr. Sonnig, aber auch majestätisch. Er passt zu ihren Augen, dem Lächeln, der leicht gebräunten Haut. Marie. Ein schöner Name. Während ich mir das sage, versuche ich das Bild ihrer Schlüsselbeinknochen unter der dünnen Haut aus dem Kopf zu kriegen. Den Wunsch, sanft darüber zu streichen, als ob wir uns schon sehr lange kennen würden, denn genauso kommt es mir vor. *Marie.*

»Ludwig? Hörst du mir überhaupt zu?«

Thea tippt mir auf die Schulter, eine Augenbraue hochgezogen, wie sie es macht, wenn ihr etwas nicht passt.

»Wie bitte?«

»Gehen wir an die Bar, oder wollen wir woanders hingehen?«

Ich versteh nicht richtig. »Woanders? Aber hier ist doch das Konzert.«

»Was dich ja nicht sonderlich zu interessieren scheint.«

»Ich war nur ... ich hab mich frisch gemacht.«

Sie mustert mich schnell von oben bis unten und so, als ob ich einen Test bestehen müsste. »Ach so, deshalb bist du so ... feucht.«

Sie sieht mich prüfend an, offenbar bin ich durchgefallen. Das war mein Moment, mit der großartigen Thea in Kontakt zu kommen, diese Chance vergibt sie nur einmal an einen Jungen. Ich weiß das. Und es interessiert mich nicht. Okay, es interessiert mich nicht mehr. Das war gestern, heute Morgen, bevor ich SIE getroffen habe. Ich muss mich richtig konzentrieren, um Thea so zu sehen wie vorher. So unnahbar, glänzend und unerreichbar.

»Ich würde jetzt wieder reingehen. Ins Konzert. Nach vorne, vor die Bühne.«

Ich weiß, da will Thea ganz sicher nicht hin. In das Gedränge und die Hitze. Der Sound vorne ist auch heftig.

Sie streicht eine Haarsträhne zurück, als hätte sie irgendwo gestört, doch alles an ihr ist perfekt.

»Ich bin noch für eine halbe Stunde an der Bar«, sagt sie, was bedeutet, dass sie mir noch eine winzige Möglichkeit lässt, es mir anders zu überlegen. *Nein, kein Interesse.*

Wir gehen zusammen bis in den Saal und trennen uns dort. Sofort sehe ich mich nach IHR um. Marie.

Ich bin groß, was in Menschenmengen immer ein Vorteil ist, trotzdem sehe ich sie nicht. Mich nach vorne durchzuschieben ist nur mit Dreistigkeit möglich, also bleibe ich in dem Bereich, in dem die Leute lockerer stehen und ich einen guten Überblick habe. Wenn sie den Club verlässt oder zur Bar geht, muss sie hier vorbei.

»Hey, Lud!«

Philipp schiebt sich mit zwei Bierflachen neben mich, hinter ihm kommt Kasper. Er reicht mir eine Flasche, sie ist warm. Er macht eine entschuldigende Geste, klar, ich verstehe schon, sie sind an der Bar hängen geblieben. Es ist zu laut, um sich zu unterhalten, also winke ich nur kurz.

Und stehe dann zwischen Kasper und Philipp, höre das ganze Konzert und denke nur an sie. Alles fühlt sich an wie ein Traum. Philipp hat sein Handy herausgezogen und textet fast die ganze Zeit.

Er tippt mich an, ich beuge mich zu ihm.

»Ich ... Theas Nummer. Wir ... hingehen«, verstehe ich und kann mir den Rest zusammenreimen. Ich deute nach vorne, es gibt noch eine Zugabe. Ich kann jetzt nicht gehen. Unmöglich. Nicht, wenn sie hier noch irgendwo ist.

Er zuckt mit den Schultern. Kasper sagt gar nichts, und wir hören die Zugabe, während Philipp weitertextet.

Es endet ganz unspektakulär, die Musiker verschwinden, Musik kommt wieder aus den Boxen, doch wesentlich leiser. Sie klingt dünn und verwaschen gegen alles vorher.

»Okay, die wollen noch woanders hin. Klara ist auch dabei«, sagt Philipp. Langsam begreife ich, dass er wegen Klara mitwill.

»Was ist mit dir, Kasper?«, frage ich.

Kasper zuckt unsicher mit den Schultern.

Philipp sieht wieder auf sein Handy. »Kommst du nun mit?«, drängelt er, und ich erinnere mich, dass er mal mit Klara zusammen war.

»Eher nicht.«

Ein höfliches *Nein*, das versteht er und nickt.

»Okay, aha.« Er fixiert mich. »Na ja, egal, aber ich denke, ich geh mit. Thea ist mit dem Auto da. Ich lass mein Rad dann hier.«

»Ja, gut.«

Dann fällt es mir ein: »Du hast unsere Räder zusammengeschlossen.«

Also gehen wir zu dritt nach draußen.

Draußen ist die Luft klar, und obwohl es nach zehn ist, noch sehr mild. Der Himmel hat einen Rotfilter, die Sonne ist gerade untergegangen, es dämmert, meine liebste Tageszeit.

»Ich hab mich mit dem Typen unterhalten«, sagt Philipp und geht mit mir vor, Kasper folgt mit Abstand. »War ganz interessant.«

»Mit wem?«

»Na, mit dem, der mit dem Mädchen zusammen war. Der vor uns stand. Die sind beide ganz aktiv bei Greenpeace.«

»Ach ja?«, sage ich, und mein Herz beginnt sofort schneller zu schlagen.

»Der kennt deinen Freund von einem Straßenfest.«

»Kasper?«, sage ich und deute mit dem Daumen über meine Schulter.

»Ja. Die Jäger hatten einen Stand. Er und seine Freundin waren auch da. Am Greenpeace-Stand.«

Ich verkneife mir zu sagen, dass es nicht seine Freundin ist. Nicht seine richtige Freundin.

»Aha.«

Wir gehen zu der Stelle, an der Philipp die Räder angeschlossen hat, aber da ist nichts. Überhaupt gar nichts. Wir starren für eine gefühlte Minute. Ich brauche einen Moment, bis ich begreife.

»War das hier?«, fragt Kasper und stellt sich zu uns.

»Jemand hat die Räder mitgenommen«, sage ich. Ich fasse es nicht. Mein geliebtes Rennrad.

Philipp fasst sich an den Kopf. »Ach, verdammt, ich glaube, ich habe vergessen, sie abzuschließen.«

»Was?«

»Ja, als er *hier* gerufen hat, da ...«

Das erklärt, warum kein aufgebrochenes Schloss auf dem Boden liegt. Ich versuche einen klaren Gedanken zu fassen, aber ich kann nicht mehr richtig nachdenken, nur darüber, dass mir Dinge eigentlich egal sind, aber an meinem Fahrrad hänge ich. Sehr.

Wir laufen auf dem Hof auf und ab und sehen nach, ob jemand die Räder vielleicht nur verstellt hat, aber beide Räder sind wertvoll. Nicht sehr wahrscheinlich, dass sie jemand nur ausgeliehen hat.

Philipp fährt sich durch die Haare. »Verdammt, tut mir leid. Wir gehen zur Polizei und melden es.«

»Du hast die Räder nicht abgeschlossen«, wende ich ein.

»Wir sagen einfach, sie waren abgeschlossen. Du bist mein Zeuge.«

Nun ja.

Ich drehe mich um, und da steht SIE vor dem Club. Marie. Mit ihrem Freund, der nicht ihr richtiger Freund ist. Er redet auf sie ein, während wir uns über die Entfernung ansehen. Schließlich nickt sie, kommt auf mich zu. Ich halte meinen Fahrradschlüssel hoch.

»Haben sie dein Rad geklaut?«, fragt sie.

»Ja.«

»Das ist mir auch schon passiert.«

Sie lächelt nicht, ihre Stimme klingt freundlich, aber etwas reserviert.

Ihr Freund kommt hinter ihr her, fixiert mich. Wir schweigen uns an, dann platzt es aus ihm heraus.

»Stimmt es, dass du Jäger bist?«

Ich weiß nicht, was das mit meinem geklauten Rad zu tun haben soll, und während ich darüber nachdenke, sagt Kasper stolz:

»Ja, wir sind beide Jäger.«

Philipp schnaubt nur genervt. »Davon kommen die Räder auch nicht zurück. So ein Mist.«

Philipp regt sich auf, Timo macht ein Gesicht, als ob uns das ganz recht geschieht, Kasper schweigt beleidigt. Und mitten in dieser Aufregung stehen Marie und ich und sehen uns an. Ganz ruhig.

»Jäger, also«, sagt sie und blinzelt.

Ich schweige einen Moment und sage dann sehr entspannt: »Noch kein richtiger Jäger. Ich habe gerade erst den Jagdschein gemacht.«

Doch für jemanden, der bei Greenpeace mitmacht, gibt es da wohl keinen Unterschied. Ich sehe ein Mädchen winken, weit weg, und hebe meinen Blick etwas. Es ist Thea. Sie kommt mit Klara in unsere Richtung, bleibt bei uns stehen.

»Was macht ihr hier?«

»Sie haben unsere Räder geklaut«, sagt Philipp. »Verdammter Mist.«

»Warum seid ihr nicht mit dem Auto gekommen? Also wir fahren jetzt noch was trinken.«

»Ja, also ...«, sagt Philipp und sieht mich fragend an.

Er wirkt wie in Trance, und ich denke, dass es ihm genauso geht wie mir, nur dass es für ihn Klara ist. Er muss ihr folgen, und ich muss hier stehen bleiben.

»Viel Spaß«, sage ich.

Die Mädchen gehen, doch ich sehe ihnen nicht nach, sondern zu Marie.

»Hey, ich geh mit!«, ruft Philipp und läuft ihnen hinterher.

»Komm, Marie, wir gehen auch«, sagt ihr Freund und fasst sie am Arm. Sie schüttelt seine Hand sanft ab und sieht mich wach an.

»Wieso Jäger? Erzähl doch mal. Das interessiert mich.«

Ich zucke mit den Schultern. »Meine Eltern haben Land. Und Wald. Und der muss gepflegt werden, das ist ihre Aufgabe und Verantwortung als Landbesitzer. Die Jagd gehört dazu.«

Timo stellt sich zu uns.

»Du meinst, Tiere zu töten gehört dazu. Warum? Was machen sie denn so Schlimmes? Muss man sie abschießen? Gibt es da nicht andere Lösungen?«

Ich atme tief durch, ich kenne die Argumente der Jagdgegner. Aber ich kenne nur sehr wenige Jäger, die Wild aus Spaß abschießen. Das ist die Ausnahme.

Kasper richtet sich auf: »Große Mengen von Wild richten Schaden im Wald an. Der Wald kann sich nicht erneuern, wenn er zu viel Wild als Nahrungsquelle dient.«

Es klingt wie abgelesen oder als ob er es für den Infostand auswendig gelernt hätte.

Timo kontert sofort. »Soweit ich weiß, sind die Jäger sogar daran interessiert, dass viel Wild im Wald ist, damit sie jagen können. Das Wild ist ihnen nämlich viel wichtiger als andere Tier- oder Pflanzenarten. Es geht wohl eher um die Trophäe an der Wand als um den Wald.«

Timo kann gut argumentieren, und Kasper schweigt, denn er ist nicht besonders redegewandt und auch nicht sehr schlau.

Ich will mich nicht streiten. Nicht jetzt, nicht so. Ich sehe zu Marie.

»Was denkst du?«

Sie sieht mich an, kein Blinzeln, lässt sich Zeit mit der Antwort. Als sie spricht, ist ihre Stimme ruhig. »Ich denke, ich weiß noch zu wenig über die Jagd, um es gut beurteilen zu können.«

»Ach, Marie!«, sagt Timo und reißt die Fäuste hoch. »Was muss man denn da wissen?«

4

Dämmerung

– Marie –

Ich verstehe nicht, dass Menschen Tiere töten. Lebewesen, mit einem Herzen, mit Gefühlen. Wir brauchen ihr Fleisch längst nicht mehr, um zu überleben, wir haben uns nur daran gewöhnt. Menschen, die Tiere töten, sind gefühllos. Dachte ich. Aber Ludwig ist nicht gefühllos. In seinem Blick sehe ich etwas anderes als Mordlust, wenn er vom Jagen spricht. Ich sehe nur, dass es ein Problem gibt, das wir alle lösen müssen. Was meint er damit, dass er eine Verantwortung hat?

»Los, komm, Marie!«, ruft Timo, als ob die beiden hochexplosives Material wären, von dem man sich schnell entfernen müsste. Aber einfach wegzugehen heißt doch nur, ignorant und arrogant zu sein und das zu tun, was wir den *anderen* immer vorwerfen: Nicht ganz genau hinzusehen.

»Hey, Ludwig, ich kann dich mitnehmen. Ich bin mit dem Wagen da«, sagt der Kleine. Kasper.

Ludwig ist völlig von der Rolle, als ob er sich ohne Fahrrad gar nicht mehr bewegen könnte. Ich frage mich, wo er wohnt. Hier in der Nähe? Aber wenn er sagt, dass seine Eltern Land haben, dann wird das wohl eher außerhalb von Berlin sein. Ist er dann die ganze Strecke mit dem Rad gefahren?

Ich wende mich an Kasper. »Wo fährst du denn hin?«

»Richtung Potsdam.«

Ich sehe zu Timo. »Hey, das ist perfekt!«

Timo wirft genervt die Hände hoch.

»Komm, das ist praktisch.«

»Okay.«

»Kannst du uns mitnehmen?«, frage ich Kasper.

Der sieht fragend zu Ludwig. *Kann dieser Typ nicht eine Entscheidung alleine treffen?*

Ludwig nickt. »Ja, klar wir können alle zusammen fahren. Geht das? Mit welchem Wagen bist du da?«

»Mit dem Jeep.«

Bei »Jeep« verdreht Timo die Augen. Klar, ein Yuppie-Auto. Aber ich weiß, dass er bestimmt auch scharf darauf ist, in dem Ding zu fahren.

Kasper und Ludwig gehen vor und Timo und ich hinterher.

»Willst du echt mit denen mitfahren?«, sagt er leise, damit die anderen es nicht hören. Bei dem Straßenverkehr kann ich ihn kaum verstehen.

»Klar. Spart uns bestimmt ne Stunde Fahrt.«

Und außerdem interessiert mich dieser Ludwig. Nein, es ist viel mehr. Er fasziniert mich. Ich habe noch nie einen Jungen wie ihn getroffen. Stark und sensibel. Die Mischung. Mein Herz schlägt schneller, wenn ich auf seinen gebräunten Nacken sehe, die breiten Schultern, die schmale Figur. Die Jeans sind bestimmt so ein Designerteil. Aber, *hey!*, sein Hintern sieht gut darin aus.

»Ich weiß nicht ...«, sagt Timo. »Aber ich werd' dich sicher nicht mit denen allein lassen.«

»Die werden mich schon nicht entführen.«

Der natogrüne Jeep fällt in der Reihe der parkenden Autos sofort auf. Für den Wald und das Gelände hat er die richtige Tarnfarbe, in der Stadt wirkt er fehl am Platz.

»Hey, nur zwei Sitze?«, sagt Timo.

»Ich bau das um«, sagt Kasper. »Wir können auch das Softtop abnehmen, wenn ihr wollt.«

Man merkt, dass er stolz auf den Wagen ist, der bestimmt nicht ihm, sondern seinen Eltern gehört.

»Klar, runter mit dem Plastik!«, ruft Timo.

Ich schubse ihn in die Seite. Ich kenne den Ton. Ironisch, amüsiert, über jemanden, der sich an seinem Wagen aufgeilt.

Während Ludwig und Kasper die Seitenfenster abnehmen und das Dach abrollen, geht Timo um den Wagen.

»Der hat bestimmt einen Megaverbrauch ...«

»Der Zweitürer nicht so«, sagt Kasper, und seine Stimme klingt verunsichert. »Außerdem fahren wir eigentlich nie in die Stadt und so.«

»Klar, eher in den Wald. Oder geht ihr auf Safari?«

»Safari?«, sagt Kasper, der nicht merkt, dass Timo ihn verarscht.

»Ja, klar. Das Elfenbein in Brandenburg soll ja das beste sein«, sagt Ludwig todernst.

Ich muss kichern. Timo sieht zu mir, die Augenbrauen kritisch hochgezogen.

Aber, na ja, der Witz war gut.

Der Wagen ist auf einmal halb nackt, das Dach, die hinteren Seitenfenster und die Heckscheibe sind abgenommen.

Kasper steigt auf den Fahrersitz. Wir gehen zur Beifahrerseite. Ludwig öffnet die Tür.

»Willst du vorne sitzen?«, fragt er Timo.

Er dreht sich zu mir. »Nee, wir gehen auf die Rückbank, oder?«

Ich nicke, wir steigen ein.

Egal, wie seltsam es ist, in der Stadt einen Jeep zu fahren, der Wagen ist aufregend. Kasper lehnt sich nach hinten zu mir.

»Sagt mir am besten eure Adressen, dann geb' ich die in mein Navi ein.«

»Fahr einfach nach Potsdam, ich sag dir schon Bescheid«, sagt Timo abwehrend.

Kasper zögert. Er scheint nicht besonders flexibel zu sein.

»Ich will nur wissen, wie ich am besten fahre. Wenn ihr in Potsdam Mitte wohnt ...«

»Ich muss nach Babelsberg«, sage ich und nenne ihm die ganze Adresse, mit Postleitzahl, Straße und Hausnummer, als ob ich auf einem Amt wäre.

»Reicht das?«

»Ja, gut.«

Kasper gibt alles gewissenhaft in sein Navi ein.

»Und du?«, fragt er Timo.

»Passt schon«, sagt er. »Fahr erst mal.«

Also startet Kasper endlich.

Dieser Sommer ist unglaublich. Jeden Tag Sonne, und es bleibt auch in der Nacht noch so warm, dass ich selbst in meinen Top im offenen Wagen nicht friere. Während wir wieder am *Gretchen* vorbeifahren – links die Hochbahn, rechts irgendwelche Neubauten –, sehe ich in den mittelblauen Abendhimmel, der wie ein großes Zelt über all den Leuchtreklamen und bunten Ampeln liegt. Es wird langsam dunkel. Ludwig schaltete das Radio an. Pop, Nachrichten, Klassik, 80er-Jahre-Musik. Schnell entscheidet er sich für Hip-Hop. Perfekt. Ich sehe schräg zu ihm nach vorne, seine vom Fahrtwind zerzausten Haare, die Art, wie er seitlich aus dem Fenster schaut, als wäre er lieber nicht in diesem Auto, sondern auf seinem Rad. Aber ich genieße die Fahrt. Den Wind, den Geruch nach Pommes, die Lichter, die Straßenmusik, den Beat von Berlin. Ich könnte ewig so weiterfahren.

»Hey, halt an«, ruft Ludwig so unvermittelt, dass Kasper kurz mit dem Wagen schlingert. »Sofort!«

Wow, so energisch kann seine Stimme also auch klingen.

Kasper fährt rechts heran und mit zwei Rädern auf den Bürgersteig. Da hat er sich wohl selbst überrumpelt.

»Was 'n los?«, fragt Timo.

Kaum stehen wir, reißt Ludwig die Tür auf und rennt los. Einige Autos hinter uns hupen und umfahren den Jeep schließlich.

Ich schlüpfe aus meinen Turnschuhen, stelle mich auf den Sitz und sehe Ludwig aus dem offenen Dach des Jeeps heraus nach, wie er auf eine Currywurstbude zurennt. *Hä?*

»Was hat der denn?«, fragt Timo von unten.

Kasper steigt aus, bleibt aber beim Wagen. Ludwig kommt uns mit einem schlanken Rennrad entgegen. Er schiebt es, als wäre es verletzt und er sich nicht sicher, ob man darauf noch fahren könne.

»Er hat sein Rad gefunden«, sage ich und beuge mich leicht von oben herab in den Wagen.

»Ach so ...«

Ich sehe wieder zu Ludwig, der einen Arm hochreißt.

»Geil«, sagt Kasper, als Ludwig zurück am Wagen ist. »Und was jetzt?«

Ludwig langt durch das offene Beifahrerfenster in den Jeep und nimmt seinen Rucksack heraus.

»Ich fahr' zurück.«

»Ja, echt? Schließ' es doch an, und wir holen es morgen ab«, schlägt Kasper vor.

»Nein, das lass ich nicht noch mal stehen.«

Er sieht zu mir hoch und lächelt. »Bis bald.«

»Gute Rückfahrt!«, sage ich und winke.

Er setzt den Rucksack auf, schwingt sich auf sein Rad. Fährt testend ein paar Meter, verstellt die Gänge, winkt zurück und kommt dann schnell in einen gleichmäßigen Rhythmus.

Kasper steigt ein, dreht sich nach hinten:

»Will jemand nach vorne?« Als wären wir Kinder.

»Schon okay«, murmelt Timo.

Ich lasse mich zurück auf den Sitz fallen, stelle die Beine hoch und entspanne mich. »Alles bestens.«

Es wird schnell dunkel, als würde man einen Dimmer am Himmel runterdrehen. Ich denke an Ludwig, der auf seinem Rad nach Hause fährt, in die gleiche Richtung, und dass wir uns ganz sicher wiedersehen werden. Potsdam ist ein Dorf.

Die Luft riecht frisch, als wir durch den Tiergarten fahren, nach Benzin, als wir um die Siegessäule kreisen, nach Pizza, als wir den Kaiserdamm herunterfahren. Ich habe die Stadt noch nie so offen und lebendig erlebt. Als wir von der Avus abfahren, duftet es nach Erde und Wald, am Himmel erkennt man die Sterne. Ich stelle mich auf den Sitz und halte mich an der Querstange fest.

»He, bist du verrückt!«, ruft Kasper und sieht sich kurz und panisch nach mir um. Nein, bin ich nicht. Nur glücklich. Ich reiße die Arme in den Himmel und brülle in den Nachthimmel: »Yeeaaahhh!«

Timo zieht mich am Hosenbund zurück. Ich falle auf seinen Schoß, lache.

»Das muss man doch ausnutzen!«

»Was?«, sagt Timo, sein Gesicht über meinem.

Ich richte mich auf, beuge mich nach vorne zu Kasper.

»Hey, machst du nie etwas Verrücktes?«

– Ludwig –

Als Kasper an mir vorbeifährt, radle ich noch einen Moment weiter, warte, bis er außer Sicht ist und halte dann an. Ich hole mein iPhone heraus und notiere mir, was ich mir die ganze Zeit wiederholt habe: Ihre Adresse.

Ort, Straße, Hausnummer. Ich weiß, wo sie wohnt. Dieser Tag ist magisch. Ich habe sogar das Rad wiedergefunden. Alles ist möglich. Wir verlieren uns nicht mehr.

Ich fahre wieder an, rase. *Du kannst nicht schneller als der Jeep sein.* Okay, ich weiß das. Theoretisch. Aber mein Gefühl sagt etwas anderes. Ich kann fliegen, Zeit und Ort, alles kein Problem. Die nächste U-Bahnhaltestelle, ich biege ab. Ich will so schnell wie möglich zurück.

In der U-Bahn macht eine Gruppe Musik. Folk, das Gefühl, als wäre ich in einem Film. *Slowmotion.* Ich bleibe stehen, ich bin zu aufgedreht, um mich zu setzen. Als ein Typ mit Hut vorbeikommt, krame ich in meinen Hosentaschen, finde nur einen Fünf-Euro-Schein und werfe ihn hinein. Er sieht mich überrascht an, und ich lächle. Die ganze Welt soll glücklich sein. Alle müssen mit mir feiern. Ich denke an das Konzert, wie die Musik in mich eingedrungen ist, mich verändert hat. Genau wie ihr Blick. Als hätte sie mein Programm geändert, ein neuer Code, ein neues Leben. Versteht das denn keines der müden Gesichter in diesem Zug? Es ist so einfach, glücklich zu sein.

In Berlin-Wannsee steige ich aus. Der Wannsee liegt still in der Dunkelheit, der Himmel ist jetzt pechschwarz, das Wasser auch. Als ich über die Brücke fahre, spiegelt die Wasseroberfläche den Mond. Ich mag die kühle Luft hier draußen. Ich halte kurz an, atme die schwere Luft ein, die erdig und nach Wasser riecht. Dann fahre ich weiter.

Neben der breiten Straße auf dem Radweg, schalte ich in einen kleineren Gang, da es eine Weile bergauf geht. Die Anstrengung macht mir nichts aus, ich bin trainiert, mein Herz pocht trotzdem heftig, als müsste es sich auf eine neue Frequenz bringen. Leben. Liebe. Leben. Liebe.

Am Rathaus Wannsee bleibe ich stehen, wische mir den Schweiß ab. Rechts der Wald, geradeaus die Straße über Potsdam Mitte nach Fahrland, wo ich hinmuss, links geht es nach Babelsberg. *Einfach nur sehen, wo sie wohnt*. Vorbeifahren, um mir vorstellen zu können, wie der Ort, an dem sie lebt, aussieht. Nur ein kleiner Umweg. Außerdem ist der Weg über Babelsberg sowieso schöner. Mehr Bäume, mehr Natur, weniger Autos. Und keine Wildschweine, die nachts, auf der anderen Strecke, gerne mal über die Straße laufen. Ich habe dort auch schon Füchse gesehen. Und dann gab es diesen Tag. Ich war zwölf und saß hinten, es muss sehr spät gewesen sein. Wir waren das einzige Auto auf der Strecke, die Scheinwerfer auf Fernlicht. Und dann sahen wir diese Gruppe Mufflons am Straßenrand. Sie sahen wunderschön aus mit ihren nach innen eingedrehten Hörnern und dem hellen Fell, das im Scheinwerferlicht leuchtete. Im ersten Moment dachte ich, es wären Fabelwesen und eines mit Sicherheit mein Patronus. Und dass ich mir nun etwas wünschen könnte.

Dass mein Bruder noch lebt.

»Schau mal an, Ludwig, jetzt sind die Mufflons tatsächlich bis hierher gekommen«, sagte mein Vater.

»Mufflons?«, fragte ich nach. Denn der Namen klang nach Pantoffeln oder einer fetten Mehlspeise und nicht nach einem Wunder.

»Ja, ein Förster soll sie nach dem Zweiten Weltkrieg aus dem Riesengebirge hierhergeholt haben. Er hat sie gezüchtet und später in der Nähe freigelassen.«

Bei der Erinnerung muss ich leise lachen, denn so ist es immer mit meinem Vater. Wo ich ein Wunder sehe, sieht er die Realität. Wenn ich einen Traum habe, sieht er nur die Vor- und Nachteile. Warum ist er dagegen, dass ich Philosophie studiere? Aber eigentlich weiß ich das oder ahne es. Nicht etwa, weil ich damit kein Geld verdienen kann, eine Familie ernähren und so weiter. Geld ist in unserer Familie genug vorhanden. Sondern weil er Angst vor dem Zustand hat. Dass er öfter kommt, wenn ich mich mit den großen Fragen der Menschheit auseinandersetze. *Wozu bin ich hier? Worum geht es im Leben?* Die Tage, die meine Mutter die schwarzen Tage nennt. Die mal öfter, mal seltener vorkommen. Tage, an denen ich nur wach oder im Halbschlaf im Bett liege, weil ich nicht weiß, wieso ich aufstehen sollte. Was es für einen Sinn macht, zu essen, zu lernen, zu leben. Warum das alles? Warum leben, wenn es dir jeden Moment wieder weggenommen werden kann? Denkt mein Vater, diese Gedanken könnte ein Studium der Agrarwissenschaft vertreiben?

Ein sanfter Windstoß kommt aus dem Wald, als wolle er mich aus den düsteren Gedanken reißen und in die richtige Richtung schubsen. *Okay, ja, warum nicht. Ich fahre über Babelsberg.* Ich steige auf mein Rad, überquere die leere Kreuzung, auf der die Ampeln schon ausgeschaltet sind und nur noch blinkend warnen.

ES – IST – SCHON – SPÄT. Sicher schläft sie längst.

Ich fahre die kleine Straße herunter, die durch den alten Ortskern von Wannsee nach Babelsberg führt.

Hier ist Wannsee ein Dorf. Früher haben wir hier gewohnt, bevor wir aufs Land gezogen sind. In den Nebenstraßen wohnen Philipp und ein paar andere Freunde. Hubert und Kasper habe ich erst später kennengelernt, als wir schon den Hof hatten. Mein Leben teilt sich in diese zwei Phasen: bis zehn und danach. Hier bin ich in den Kindergarten gegangen und später zur Schule. Habe Fußball gespielt, war auf Kindergeburtstagen und ständig mit meinen Freunden unterwegs. In den Gärten Frösche fangen, Hütten bauen und Wasserbecken aufstellen. Ich sehe mich manchmal auf Fotos aus dieser Zeit und frage mich, wo diese Unbeschwertheit und Freude jetzt ist? Verschwunden, wie meine strohblonden Haare, die seit Jahren immer dunkler werden. Aschblond. Als ob der Tod meines Bruders bis in meine Haarspitzen gewandert wäre. Als ewige Erinnerung.

Auf der kleinen Brücke am Ende des Ortskerns, halte ich wie immer kurz an und sehe auf den Stölpchensee, dann zurück auf die Straße. Die Stelle. Sie wirkt harmlos, im Abendlicht sogar idyllisch. Ich brauche einen Moment.

Ziehe mein Handy aus der Tasche. Hier irgendwo wohnt sie. Vielleicht direkt auf der Strecke? Hubert würde mich auslachen. Nachts an dem Haus eines Mädchens vorbeifahren! Unsinn. Ich gebe die Adresse ein. Ein kleiner Umweg. *Na und?* Ich habe die ganze Nacht, meine Eltern rechnen nicht mit mir, sie denken, ich übernachte bei Philipp. Doch als ich anfahre und mein Herzschlag sich wieder beschleunigt, obwohl ich noch nicht einmal in die Pedale getreten habe, weiß ich, dass es um viel mehr geht. Dies ist kein Umweg, sondern der einzige Weg, der Sinn macht. Auch wenn ich absolut keine Ahnung habe, was dort passiert, und eigentlich auch nicht vorhabe, mitten in der Nacht noch bei ihr zu klingeln.

– Marie –

Kasper hält vor unserem Haus, und ich klettere aus dem Fenster des Jeeps, springe auf die Straße, bevor er umständlich ausgestiegen ist.

»Ach, so machst du das …«, sagt er und hält sich an der Fahrertür fest, als ob ich ihn sonst mitschleppen würde. *Keine Angst*!

Ich lächle.

»Danke, fürs Mitnehmen. Es war eine tolle Fahrt.«

Ich bin sicher, er ist froh, mich loszuwerden. *Die Verrückte.*

Doch Kasper lächelt sogar zurück. Er sieht zu Timo.

»Und wo musst du hin?«

Timo wohnt etwas weiter unten in Babelsberg. Zu weit zu laufen, aber nicht sehr weit zu fahren.

»Nur ein Stück weiter runter«, sage ich.

»Oder soll'n wir noch zu dir reingehen?«, fragt Timo.

Ich beuge mich zu ihm in den Wagen.

»Musst du nicht morgen jobben?«

»Ja, also ...«

Ich grinse. »Ich will nicht schuld sein, wenn es morgen keine Brötchen gibt. Du hast noch genau vier Stunden, um dich auszuschlafen.«

»Ah, ja, *fuck*!«

Ich nicke zu meinem Rucksack. »Kannst du mir den rausreichen? Und meine Schuhe?«

Er reicht mir alles durch die offene Seite.

»Wir sehen uns Mittwoch.«

Unser Haus sieht aus wie diese kleinen Häuschen, die man in die Landschaft von Modelleisenbahnen stellt. Zwei Geschosse, ein spitzes Dach, ein kleiner Balkon im ersten Stock, eine mittige und grün gestrichene Eingangstür, daneben die Fenster von Küche und Wohnzimmer. Superspießig, wenn meine Eltern das Haus nicht knallblau hätten streichen lassen. Außerdem ist der Vorgarten kein bisschen gepflegt. Dort wuchern nur zwei riesige Rhododendronbüsche rechts und links des kleinen Eingangswegs und recken ihre gierigen Äste bis auf die Straße. Irgendwelche Vorbesitzer haben sie vor hundert Jahren gepflanzt. Weil das meiner Mutter gleich aufgefallen ist und sie bei der Hausbesichtigung die wundervolle Farbe gelobt hat, hat die alte Dame meinen Eltern das Haus am Ende verkauft. Und ich weiß jetzt für immer, wie diese gigantischen Büsche heißen, die im Frühjahr wie zwei fette Farbkleckse vor der blauen Fassade des Hauses thronen. Unser Haus. Ich war zwölf, als meine Eltern mit uns hierher gezogen sind, weil die Altbauwohnung in Berlin zu eng wurde und weil sie mehr in die Natur wollten. Ich fand das damals schrecklich. Das Ende meines Lebens. Weg von meinen Freunden, weg aus der Stadt. Gerade jetzt, wo ich anfing auf Partys zu gehen, endlich groß genug dafür war. Aber einen Wechsel hätte es sowieso gegeben, von der Grundschule aufs Gymnasium.

Jetzt mag ich das Haus und Potsdam, die Stadt, die gerade groß genug ist, um ein cooler Ort zu sein, aber so klein, dass man die meisten Leute irgendwie kennt. Außerdem ist der Weg nach Berlin kurz, nur eine Stunde mit der S-Bahn.

Anfangs bin ich ständig in die Großstadt gefahren, dann immer weniger. Die alten Freunde sind rausgekommen, dann auch immer seltener. Jetzt stört es mich nicht mehr, ich habe neue Freunde gefunden.

Das Gartentor steht wie immer auf, meine Brüder können sich nicht dran gewöhnen, es zu schließen.

In der Küche brennt Licht, das lässt meine Mutter immer an, wenn ich unterwegs bin. Mein Vater ist auf einer Dienstreise, aber ich bin sicher, meine Mutter ist noch wach. Als ich aufschließe, kommt sie mir aus dem Wohnzimmer entgegen und umarmt mich.

»Schön, dass du wieder da bist.«

»Hat du gewartet?«

Sie gähnt. »Nein, gearbeitet. Eigentlich habe ich auf dem Sofa gelesen. Es war so schön ruhig hier im Haus. Und dann hatte ich eine Idee und wollte nur noch mal was auf dem Laptop nachsehen, und dann wurde es spät.« Sie lächelt. »Wie immer.«

Wir gehen zusammen in die Küche.

»Für deinen Artikel?«, frage ich.

»Ja, ich muss ihn am Wochenende abgeben.«

Ich hole mir Mandelmilch aus dem Kühlschrank und gieße mir ein Glas ein, suche in der Brotkiste nach dem Brötchen vom Morgen.

»Wir haben auch noch was vom Abendbrot übrig.« Meine Mutter deutet zu einem Rest Auflauf auf der Küchentheke. Ich liebe ihren Nudelauflauf. Mit einer Gabel picke ich in die Nudeln, die kalt fast noch besser als warm schmecken.

Meine Mutter setzt sich. »Und? Wie war das Konzert?«

»Soooo guuuut!«

»Schön! Du warst mit Timo, oder?«

»Jep!«

Meine Mutter streicht sich die Haare zurück, lächelt. Ich kenne den Blick. Ich schlucke die restlichen Nudeln herunter.

»Da ist nichts!«

»Naaaaein? Ihr seid doch ständig zusammen. Und er hat dich doch heute sogar eingeladen.«

Ich grinse. »Na und?«

Meine Mutter seufzt übertrieben. »Du bist wie dein Vater. Brichst allen das Herz.«

»Allen?«

Ludwig. Ihm würde ich gerne das Herz brechen. Oder weniger brechen, als es erobern. Sein Herz erobern, das gefällt mir. Ich mag sein schiefes Lächeln, die höfliche Art. Dass er so ganz anders ist als die Jungs, die ich sonst treffe. Erwachsener und zugleich kindischer. Die energische Stimme, als er sein Rad entdeckt hat. Und wie wichtig es ihm war, es gleich mit nach Hause zu nehmen. Sein geliebtes Rad! Wie ein Zehnjähriger. Ich stelle ihn mir als Zehnjährigen vor. So alt wie meine beiden Brüder. Mit vom Spielen verschwitzten Haaren und diesem ernsten Blick, mit dem er damals bestimmt

Steine sortiert oder sein Kinderrad poliert hat. Ich muss lächeln. Ich hätte mich sofort in ihn verliebt.

»Hey, Träumerin, ich seh' doch, da ist was! Du glühst richtig.«

Ich gehe zum Kühlschrank, um mir noch etwas Mandelmilch einzugießen.

»Aber nichts mit Timo. Und ich habe doch hoffentlich etwas mehr von Papa geerbt, als Herzen zu brechen, oder?«

»Ja, natürlich: das Kämpferische!«

»Ich dachte, das habe ich von dir?«

Sie stöhnt gespielt. »Vermutlich von uns beiden.«

Ich öffne einen der Oberschränke. »Haben wir noch was Süßes?«

»Hast du gekifft?«

Ich drehe mich zu ihr um.

»Nur einmal am Joint gezogen.«

Es ist verrückt, aber mir ist es lieber, wir reden über Drogen als über Ludwig. Das ist noch so frisch und neu, und es fühlt sich gerade gut an, es noch eine Weile für mich zu behalten. Außerdem – darf ich mich in einen Jäger verlieben? Macht das Sinn?

Ich setze mich mit einer Tafel Schokolade zu meiner Mutter an den Tisch, reiße das Papier ab und biete ihr ein Stück an.

Sie lächelt. »Wenn es keine vegane Schokolade gäbe ...«

»... müsste man sie erfinden.«

Wir genießen die Schokolade einen Moment in vollkommener Stille.

»Sag mal, Mama ...?«, sage ich schließlich.

»Ja?«

»Also, wenn man Land hat ... ich meine, ein großes Stück Land, mit Wald und so. Muss man dann die Tiere darin jagen? Ist das eine ... Vorschrift?«

Meine Mutter blinzelt kurz überrascht über den Themenwechsel, aber dann kann sie nicht widerstehen. Ihr Thema.

»Ja. Die Grundbesitzer sind verpflichtet, den Wildbestand in ihren Ländereien auf eine bestimmte Zahl begrenzt zu halten.«

»Aber – woher wissen sie, wie viele Tiere in ihrem Gebiet leben?«

»Die werden regelmäßig gezählt.«

»Und warum kann nicht jeder selbst entscheiden, wie viele Tiere auf seinem Land leben?«

Mir erscheint das nur logisch. Man darf ja auch entscheiden, wie viele Haustiere man in seinem Haus hält.

»Nun, die Tiere sind ja nicht einfach nur da. Sie müssen sich ernähren. Und was sie essen, ist der Wald. Die Förster achten auf den Waldbestand, zählen die verbissenen Baumspitzen, erstellen ein Verbissgutachten ...«

»Verbissen?« Ich lache. Verbissene Förster zählen verbissene Baumspitzen. Ich sehe es genau vor mir.

»Ja, so nennt man das, wenn die Spitzen der jungen Bäume weggefressen werden«, sagt meine Mutter ernst. »Das junge Grün, das schmeckt dem Schalenwild natürlich am besten. Und wenn der Verbiss sehr groß ist, dann müssen die Jäger das Wild in dem Gebiet reduzieren.«

Ich sehe meine Mutter überrascht an. »Müssen? Ich dachte, du bist gegen die Jagd.«

»Ich bin gegen das stumpfsinnige Einhalten der Abschusszahlen. Das sind staatliche Vorgaben, die die Jäger einhalten und dann auf den Hegeschauen nachweisen müssen. Da hängen dann die Schädel mit den Geweihen an den Stellwänden, und es wird genau nachgezählt, ob auch genug Wild geschossen wurde. Doch um diese Abschusszahlen zu erfüllen, werden meist viel zu viele und zu junge Rehböcke geschossen. So erholt sich die Wildpopulation auf Dauer nicht. Das stört mich. Und ich bin gegen das Spaßjagen. Also die Vermietung von Jagdgebieten an irgendwelche Hobbyjäger, denen es nur auf die Trophäe an der Wand ankommt.«

»Also ... bist du eigentlich auf der Seite der Jäger?«

Sie seufzt. »Lustig, dass du das sagst. Denn die Jäger denken, ich bin ihre Feindin. Die wollen mich sogar wegen dieses Artikels am Wochenende verklagen. Was lächerlich ist.«

»Verklagen?«

»Ja. Cornelia von Brockdorff hat mich zu ihrer persönlichen Feindin erklärt. Sie ist Präsidentin im Landesjagdverband Brandenburg. Ihr Mann ist Anwalt, sie haben Land, sie jagen und so weiter.«

Ich ziehe die Augenbrauen hoch, rede mit einer tiefergelegten Nachrichtenstimme: »Ihre Familie sah die engagierte Journalistin dann leider für die nächsten zwanzig Jahre nicht mehr. Als sie zurückkehrte, hatte ihr Mann längst eine andere Frau gefunden, und ihre Söhne waren groß und unerzogen.«

Meine Mutter lacht und fährt im gleichen Ton fort. »Aber ihre Tochter kämpfte unermüdlich für ihre vorzeitige Entlassung, und so musste sie nicht lebenslang in einer nassen kleinen Zelle sitzen.«

Ich werde ernst. »Also ... die können dich doch nicht wegen eines Artikels verklagen, oder?«

Sie winkt ab. »Sie wollen mich nur einschüchtern.« Sie steht auf. »Und deshalb sollte ich jetzt ausschlafen, damit der Artikel morgen richtig gut wird.«

Ich stehe auch auf. »Okay, ich geh auch ins Bett.«

Ein Riegel Schokolade liegt noch auf dem Tisch. Ich schiebe ihn mir in den Mund und lasse ihn langsam im Mund zergehen, während ich die Treppe hochgehe. Ich kann nicht verstehen, wie irgendjemand keine Schokolade mögen kann.

Ich dusche und ziehe mir ein Trägertop und Boxershorts an. Es ist immer noch so warm, dass ich kurz nach dem Duschen schon wieder zu schwitzen anfange. In meinem Zimmer steht die Balkontür offen, die Luft zieht angenehm kühl in den vom Tag aufgeheizten Raum. Ich werfe mich im Dunkeln aufs Bett, breite die Arme aus und sehe an die Decke, an der die Schatten tanzen. *Ludwig.* Was für ein seltsam altmodischer Name. Aber er passt zu ihm. Perfekt. Ich summe *Holocene* und lecke den Rest der Schokolade von meinem Gaumen. Dabei stelle ich mir vor, wie er wohl küssen würde. Bestimmt großartig. Einmal hat mich Timo geküsst, aus Spaß, da waren wir vierzehn. Er wollte mir zeigen, wie man das macht, küssen, aber ich erinnere mich nur an zu viel Spucke und dass ich gelacht habe, als er versucht hat, mir seine Zunge zwischen die Lippen zu schieben. *So macht man das!*, hat er behauptet, aber ich wollte keine Zunge in meinem Mund. Vermutlich war ich einfach noch zu jung. Denn das ist jetzt anders. Eine Zunge, die mir die Schokolade vom Gaumen lutscht, den Geschmack mit mir genießt. *Ludwig.*

Der Mond scheint hell ins Zimmer, ich höre die Zikaden zirpen. Ein Jäger ... Aber er gehört bestimmt zu den guten Jägern. Denjenigen, die sich um den Wald sorgen. Ich richte mich leicht auf und denke daran, was meine Mutter gesagt hat: *Schalenwild.* Ich habe keine Ahnung, was damit gemeint ist. Was haben Schalen mit Wild zu tun? *Keine Ahnung.*

Ich stehe auf, gehe zum Schreibtisch, klappe mein Laptop auf und google. Es ist ein Uhr nachts, aber egal wie müde ich bin, ich muss das jetzt herausfinden.

Aha, Schalenwild sind Paarhufer: *Rehe, Gämsen, Wildscheine und so weiter. Man unterteilt in Hochwild und Niedrigwild.*

Ich finde die Informationen auf dem Blog eines Jägers. Jäger bloggen also. Was mir etwas seltsam vorkommt, aber natürlich. Sie leben wohl doch nicht in der Steinzeit. Und wenn sie bloggen, werden sie auch YouTube-Videos haben, also google ich gleich weiter. Draußen ruft ein Käuzchen. Jedenfalls nehme ich an, dass es ein Käuzchen ist, denn so genau kenne ich mich nicht aus.

Ich gebe *Jagen, YouTube* bei *Google* ein, und sofort werden mir Videos angezeigt:

Sau sei Dank oder Druckwild im Hohen Ostern.
Keiler tot // Jagd total.
Halali! Frauen auf der Jagd!!

Zwei Ausrufezeichen! Also auch Frauen! Über Geschmack kann man streiten. Es gibt sogar ein Jäger-TV. Ich muss lachen: *Jäger-TV*? Was wollen die denn da zeigen? Aber dann verstehe ich. Die Jagd. Das Abschießen von Tieren. *Live dabei*. Ich klicke auf eines der Videos. Das Käuzchen draußen dreht jetzt richtig auf. Ich lausche. Ich verstehe echt nichts von Vögeln, aber irgendetwas ist seltsam.

Schuhuu, schuhuu, schuhuu. Schuh, schuh, schuh. Schuhuu, schuhuu, schuuu.

S.O.S? Ich klappe den Laptop zu und gehe auf den Balkon. Meine Augen brauchen einen Moment, um sich an das dämmerige Licht zu gewöhnen und vom Computerscreen auf das Mondlicht und die Solarlichter im Vorgarten umzuschalten.

Er steht neben seinem Rennrad, den Kopf in den Nacken gelegt. Ich beuge mich über die Balkonbalustrade nach unten, lächle.

»Hey, was ist denn das für ein komischer Kauz in meinem Garten?«

– Ludwig –

»Ich bin's.«

»Ludwig?«, fragt sie, obwohl ich weiß, dass sie mich erkannt hat. »Wie lange stehst du schon da?«

Eine Weile. Eigentlich wollte ich sie auch gar nicht stören und nur den konzentrierten Ausdruck ihres Gesichts betrachten. Am liebsten stundenlang.

»Das Gartentor war offen …«

»Und da spazierst du einfach so herein?«, sagt sie kokett. »Hast du keine Angst?«

»Wovor?«

»Meine Mutter legt sich ständig mit Jägern an. Du bist Jäger. Wenn sie dich hier entdeckt …«

Ich grinse. »Dann erschießt sie mich?«

»Ihre Waffe sind Worte.«

»Mit *dieser* Waffe kannst du allerdings auch gut umgehen.«

Sie legt den Kopf schief und lächelt überrascht, als wäre sie nicht gewohnt, dass jemand ihr Paroli bietet.

Sie blinzelt. »Woher weißt du überhaupt, wo ich wohne?«

»Von dir.«

Ich rattere die Adresse genauso herunter, wie sie es im Jeep gemacht hat.

»Ja, stimmt. Dein Freund wollte es ganz genau wissen.«

»Und ich dachte, ich schau mal nach, ob du gut angekommen bist.«

»Bin ich.« Sie lacht leise. »Hey, wo wohnst *du* eigentlich? Auf einem Landgut?«

»Nun, wenn du unseren Hof so nennen willst …«

»Also ganz weit draußen.«

»Geht so. Fahrland.«

»Da hast du ja noch eine Strecke vor dir.«

Sie sagt es wieder in diesem Tonfall, als ob wir ein Spiel spielen würden. Okay, ich bin dabei.

»Ich dachte, ich könnte einen Zwischenstopp einlegen.«

Sie breitet die Arme aus. »Der Garten gehört dir, Naturbursche.«

»Ich hatte mir mehr ein weiches Federbett vorgestellt.«

Sie lacht wieder, doch ihre Stimme ist auf einmal rau.

»Ich soll also einen Fremden einfach so in unser Haus lassen?«

Ich verbeuge mich. »Gestatten: Ludwig von Brockdorff.«

»Von Brockdorff?«

»Oh, das Fräulein kennt unser Adelsgeschlecht?«

Auf einmal ist sie ganz ernst. Sie beugt sich weit vor, flüstert.

»Ist deine Mutter die Präsidentin des Jagdverbandes Brandenburg?«

»Ja.«

»Shit!«

Sie blickt sich um, dann wieder zu mir. »Warte, ich komm runter.«

Kurz darauf öffnet sich die Eingangstür für einen Spalt, sie schlüpft heraus und lehnt die Tür sachte an. Mein Herzschlag beschleunigt sich. War es ein Fehler hierherzukommen? Ihre Mutter legt sich mit Jägern an? War das ernst gemeint?

Sie steht plötzlich vor mir und wedelt mit einer Hand vor meinen Augen.

»Hey, alles klar?«

»Ja ...«

Sie trägt nur eine kurze Hose und ein Trägertop und ist barfuß. Aber da sind noch ihre Haare, die sie vermutlich nie nackt aussehen lassen. Sie deutet an, dass ich ihr folgen soll, weg vom Weg auf die Wiese in den Schatten einer Kiefer. Ich bin unsicher, ob ich das Rad mitnehmen soll, lasse es schließlich stehen und folge ihr.

»Meine Mutter ist Journalistin. Sie schreibt Artikel über die Jagd. Sie hat mir erzählt, dass deine Mutter sie verklagen will.«

Das Frühstück, als meine Mutter sich über den Zeitungsartikel aufgeregt hat. Mein Vater. Ich. Wir waren uns einig. Aber damals kannte ich Marie noch nicht. »Richtig verklagen?«, frage ich nach, weil ich mir das eigentlich nicht vorstellen kann.

»Sie hat es angedroht.«

»Nun, sie hat sich aufgeregt, weil ...«, versuche ich es zu erklären. Aber Marie wird kaum verstehen, dass meine Mutter fast hysterische Angst hat, dass sie nicht streng genug sein könnte. Bloß weil ihr Schwiegervater früher Präsident war und sie nun die erste Frau auf dem Posten ist.

»Als Präsidentin des Jagdverbandes will sie eben alles richtig machen.«

Marie nickt nicht ganz sicher.

»Hey, das wird schon. Ich kann mit ihr reden ...«, sage ich.

»Okay.«

Wir schweigen einen Moment. Klar, für Marie werde ich das tun. Der Mond beleuchtet ihr Gesicht, dunkle Augen, mit denen sie mich intensiv ansieht. Ich vertraue ihr. Geht es Marie auch so? Spürt sie das auch? Dieses Gefühl, als wären wir füreinander bestimmt?

»Ich wollte dich nicht überrumpeln«, sage ich, obwohl es nicht stimmt. Ich wollte sie überrumpeln. Ich will es immer noch. Mich selbst überraschen, mich hineinstürzen in ihre Augen.

»Wenn du kein Jäger wärst ...«, sagt sie zögernd, lächelt dann aber.

»... dann würdest du mich hineinbitten?«

Sie schubst mich empört gegen den Brustkorb. Doch nur sehr sanft. Die erste Berührung. Wow.

»Erklär mir das«, sagt sie, und eine kleine steile Falte bildet sich auf ihrer Stirn. »Ich will das verstehen. Warum gefällt es dir?«

»Was?«

»Die Jagd. Ist das nicht wie in der Steinzeit?«

Ich überlege, wie ich es Marie am besten erklären kann. Dass es nicht nur die Jagd ist, sondern alles. Weil alles zusammenhängt.

»Ich mag den Wald. In der Natur zu sein. Ich beobachte die Tiere gerne«, sage ich schließlich.

»Und dann erschießt du sie?«

»Hey, ich hab doch gesagt, dass ich den Jagdschein gerade erst gemacht habe.«

»Also hast du noch gar kein Tier erschossen?«

Ich denke an den Rehbock. Den toten Blick der Augen. Es ist ein Unterschied, ob jemand anderes oder du selbst ein Tier erschießt. Erschossen hast.

»Ich darf noch gar nicht jagen.« Das ist zumindest keine Lüge. »Und du? Du bist ein ... Jaggie. Was ist das genau?«

Sie richtet sich auf, wird ernst.

»Die JAGs, das ist die Greenpeace-Jugend. Die 14- bis 19-Jährigen. Das sind etwa 45 Gruppen in ganz Deutschland, die sich für Umweltschutz einsetzen. Vorher war ich in einem Greenteam, da sind Kinder von zehn bis 14 drin.«

»Also machst du das schon lange. Finde ich gut.«

Sie lächelt, gestikuliert mit den Armen. »Die Aktionen sind oft ziemlich verrückt, aber genau das mag ich. Sonst kriegst du keine Aufmerksamkeit.«

Sie macht einen Schritt auf mich zu. Ich kann ihr Haar riechen. Den Sommer. Sie ist etwas kleiner als ich, nicht viel. Ich könnte sie küssen, und wenn sie ein anderes Mädchen wäre, hätte ich es vermutlich schon längst getan. Aber Marie ist etwas Besonderes.

Die Tür am Haus öffnet sich. Eine Frauenstimme ruft:

»Marie?«

Ihre Augen weiten sich, für einen Moment ist sie unentschlossen, dann schiebt sie mich sanft etwas weiter in die Büsche, die hier wild wuchern.

»Meine Mutter. Warte.«

Sie geht zur Tür, ich höre, wie die beiden sprechen.

»Und wem gehört das Fahrrad?«

Verdammt.

»Das hat mir ein Freund geliehen. Ich wollte es gerade in die Garage stellen.«

Es klingt leicht und unkompliziert.

»Okay. Schließ ab, wenn du wieder reinkommst.«

»Ja, gleich.«

Ich sehe, wie Marie zu meinem Fahrrad geht und es in meine Richtung schiebt. Jetzt fällt mir auf, dass hinter den Büschen und Bäumen eine Garage liegt, deren Einfahrt zugewuchert ist. Als sie bei mir ist, zuckt sie mit den Achseln, lächelt.

»Dein Fahrrad hat schon wieder Aufmerksamkeit erregt.«

»Ein Freund hat es dir geliehen?«, sage ich und lächle. »Der muss dich aber sehr gerne haben.«

Sie grinst zurück. »Ja, nicht wahr?« Sie betrachtet das Rad. Der Mond scheint hell genug, um es zu bewundern. Und das tut sie.

»Das Rad ist schön. Vintage. Wo hast du es her?«

»Ein Freund hat es in der Garage seines Vaters gefunden.« Hubert. Ich habe es ihm für hundert Euro abgekauft, davon hat er sich sein erstes eigenes Jagdgewehr gekauft.

»Ich habe es wieder hergerichtet.«

»Wow.«

Wir stehen uns gegenüber, zwischen uns nur das Rad, aber das ist eigentlich kein Hindernis. Vielleicht sogar eher eine Verbindung.

»Marie?«

Ihre Mutter wieder.

»Ja?«, ruft sie, ohne sich zu bewegen oder den Blick von mir zu lösen.

»Kannst du noch Wasser aus der Garage mitbringen?«

»Okay!«, ruft sie laut und leise zu mir: »Ich glaub, ich sollte jetzt reingehen.«

»Ja«, sage ich, bleibe aber stehen. Sie beugt sich leicht über das Rad, flüstert.

»Wir zeigen am Mittwochabend einen Film im Thalia-Kino hier in Potsdam. *Before The Flood*. Es geht um Klimaschutz. 17 Uhr. Hast du nicht Lust zu kommen?«

Ich nicke. Klar. Auf jeden Fall.

Wir sollten Nummern austauschen, denke ich, das wäre vernünftig. Aber es ist zu klischeehaft, sie jetzt darum zu bitten. Zu platt.

»Ich kann dir eine Nachricht schicken«, sagt sie.

»Rauchzeichen?«

»Ich habe nicht gesagt, dass *du* in der Steinzeit lebst.« Sie grinst. »Gib mir dein Handy.«

Ich hole es heraus, gebe meinen Code ein und reiche es ihr.

Sie tippt schnell mit zwei Daumen ihren Namen und ihre Nummer in meine Kontakte ein.

»Ich schick' mir eine Nachricht, dann habe ich auch deine Nummer, okay?«

Sehr okay.

Die Kisten mit Wasser stehen neben der Garage unter einem Vordach. Sie nimmt zwei Glasflaschen heraus, klemmt sich eine unter den Arm und hält die andere in der Hand. Mit einem Mal wirkt sie schüchtern.

»Ja dann«, sage ich und schiebe mein Rad etwas aus dem Schatten. Es ist jetzt dunkel im Haus.

»Gute Nacht, Ludwig.«

Ich bekomme eine Gänsehaut, als sie meinen Namen flüstert.

Die Tür klappt leise, ich höre, wie sie abschließt, und warte, bis sie schließlich wieder auf dem Balkon auftaucht und sich über die Brüstung beugt. »Bis Mittwoch.«

Ich nicke. *Before the flood*.

5

Mein Feind ist nur dein Name

– Marie –

Das Thalia-Kino in Potsdam hat vier Kinoräume, unsere Vorführung findet in dem zweitkleinsten Kinosaal statt, in den etwa hundert Leute passen. Wir dürfen einen kleinen Infostand im großen runden Foyer aufstellen, um für Mitglieder werben zu können. Mehr ist nicht erlaubt, es muss eine private Vorstellung bleiben, für die wir nicht groß Werbung machen dürfen. Also sind wir unter uns, im Wesentlichen Jaggies aus Berlin und Potsdam. Ich bin trotzdem aufgeregt und frage mich, ob überhaupt irgendjemand an diesem extrem heißen Sommertag kommen wird? Wozu soll man sich mit der Klimakatastrophe beschäftigen, wenn sie offenbar nur Vorteile hat? Ein Sommer, so heiß, wie es ihn schon lange nicht mehr gab. Schwimmen im See. Eis essen um zehn Uhr nachts. Ein Traumsommer. Wer geht bei diesem Wetter überhaupt um diese Zeit ins Kino? Noch dazu, um einen Film über den Klimawandel zu sehen? Okay, ganz ruhig, ich bin nur aufgeregt. Was ist der Plan:

Timo und ich werden den Film ankündigen, etwas zur Klimaerwärmung sagen, dann den Film ablaufen lassen und am Ende diskutieren. Wobei eine Diskussion unter Jaggies eigentlich wenig Sinn macht, weil wir alle einer Meinung sind. Die Klimaerwärmung muss aufgehalten werden.

Ich sage mir den Text leise vor:

Je wärmer die Erde wird, desto größer werden die Risiken und das Ausmaß der Folgen des Klimawandels. Eine Erwärmung der Erdatmosphäre von mehr als zwei Grad kann schon gefährlich werden. Von der Politik wurde eine Begrenzung der Erwärmung auf zwei Grad beschlossen. Doch man kann so etwas nicht einfach beschließen. Wir müssen alle mitmachen. Wenn die Erde sich weiterhin stark erwärmt, steigt die Gefahr von Extremwetterereignissen: Ausfallende Ernten durch Dürre, ein drastischer Anstieg des Meeresspiegels durch das Schmelzen der Polkappen, stärkere Unwetter.

Ich halte inne, denn ich höre mir selbst kaum zu. Der Text klingt heruntergerattert. Wie die Nachrichten. Viel zu rational. Vielleicht auch, weil ich aufgeregt bin und das Üben vor dem Spiegel auf der Kinotoilette nur suboptimal ist. Ich hebe theatralisch die Arme. Besser so:

Stellt euch vor, der Golfstrom versiegt. Dann wird es hier sehr kalt werden. Diese Wärme hier draußen, die Sonne, der Sommer, freut uns jetzt, aber wenn es noch wärmer wird, bricht das Klimagleichgewicht der Erde zusammen. Wir können das stoppen, indem wir den CO_2*-Ausstoß drastisch reduzieren.*

CO_2-Ausstoß drastisch reduzieren ... Wieder so eine blöde Formulierung. Besser:

Wir können den CO_2*-Ausstoß sofort verringern. Es gibt immer mehr Elektro-Autos. Wir haben die Wahl, ob wir mit Benzin oder mit Elektrizität fahren. Elektrizität. Ich verhaspele mich jedes Mal, wenn ich es ausspreche. Besser: Elektro-Autos.*

Oder hört sich das nach Spielzeug-Autos an? Und überhaupt. Auto fahren – sagt das Mädchen, das erst sechzehn ist und keinen Führerschein hat. Ich lege den Kopf in den Nacken und atme tief durch. Warum muss ich das überhaupt erklären? Wir wissen es alle. Wir sind einer Meinung. Aber Timo findet es wichtig. Vielleicht kommen Freunde und Bekannte, hat er gesagt. Und es wäre gut, die Fakten schon mal vor dem Film darzulegen. *Warum?*

Ich sehe wieder in den Spiegel, starre in meine Augen. Ein Spiel, das ich oft mache. Als ob ich durch meine Pupille in mich selbst hineinkriechen könnte. Und so zu dem wichtigsten Punkt meiner Existenz vordringe. *Ludwig*. Ich erschrecke fast, als der Name sich in meinem Kopf formt. Ein Glücksgefühl durchströmt mich. *Ludwig*. Ich lächle mein Spiegelbild an. *Ludwig*. Ich habe seinen Namen gegoogelt. Die Bedeutung. Ich weiß, es ist verrückt. *Lud* heißt so viel wie berühmt, und *wig* leitet sich von Kampf oder Krieg ab. Ein berühmter Krieger. *Ich habe mich in einen berühmten Krieger verliebt.* Seit Montag denke ich ununterbrochen an ihn. Egal, wie sehr ich mir einrede, dass mein Leben sich nicht nur um einen Jungen drehen sollte, kehren meine Gedanken immer wieder zu ihm zurück. *Ludwig*. Sein schiefes Lächeln. Die Art, wie er sich die Haare ordnet, die dann sofort wieder unordentlich werden. Seine ruhige Art. Royal. Und wie er aus dem Auto gesprungen und losgerannt ist. *Volle Power*. Der Krieger. *Gott! Ich bin so verliebt.*

»Marie?«

Ich zucke zusammen. Hinter mir steht Molly. Ich fühle mich ertappt, als hätte ich laut geredet oder vor mich hin gesungen. *I'm in love with Ludwig. Lu-hu-d-wig*. Ich muss schon wieder grinsen. Meine Mundwinkel sind außerhalb meiner Kontrolle.

Damit es irgendwie Sinn macht, dass ich hier vor dem Spiegel stehe, drehe ich den Wasserhahn auf und beginne, mir die Hände zu waschen. Und verschwende Wasser! *Das* ist verrückt.

»Timo sucht dich. Robin ist gerade mit der Verstärkeranlage gekommen. Wir wollen einen Soundcheck machen«, sagt Molly ernst.

»Okay, ja, ich komme.«

Molly geht auf Toilette, ich sehe wieder in den Spiegel. Warum macht Molly nicht die Anmoderation für den Film? Zusammen mit Timo, in den sie verliebt ist. Und ich kann mich auf Ludwig konzentrieren. Nachsehen, ob er mir schon auf meine Nachricht geantwortet hat, die ich ihm gerade geschickt habe.

Ich habe den Text bestimmt zehnmal umformuliert. Jetzt klingt er überhaupt nicht mehr so lustig wie im ersten Moment. Trotz Smiley, der mir jetzt etwas zu kindisch vorkommt. *Ich bin nur aufgeregt!*

Die Toilettentür klappt, Molly kommt zurück.

»Gehen wir?«, sagt sie, schiebt sich vor dem Spiegel ihre langen blonden Haare zurecht und überprüft ihren Lidstrich. Sie hat sich aufwendig geschminkt und trägt ein Kleid. *Für Timo*, denke ich.

»Okay, gehen wir.«

Robin parkt im absoluten Halteverbot direkt vor dem Kino. Die Hintertüren seines Busses stehen offen, Timo und er laden einen Verstärker aus. Ich muss daran denken, wie wir die Boxen mit den geretteten Hühnern in den Wagen eingeladen haben. Damals, es kommt mir sehr lange her vor.

»Hi, Robin«, sage ich.

Er nickt mir kurz und ernst zu, was nichts heißt. Robin ist immer ernst.

»Hey, wie können wir helfen?«, fragt Molly.

»Kannst du den Verstärker mit Timo reintragen?«

Mollys Blick huscht zu mir, als müsste ich ihr eine Erlaubnis erteilen. *Warum tun alle so, als wären wir ein Paar?*

»Und wie kann *ich* helfen?«, frage ich.

»Warte kurz.«

Molly und Timo tragen den Verstärker ins Kino. Robin verschwindet im Bus und kramt in einer Kiste.

»Ich hab noch drei Mikros. Und dann halt die Kabel.«

Er kommt mit einer Klappbox aus dem Bus. Ich will sie ihm abnehmen, aber er zögert.

»Das Video ist jetzt oben. Auf *YouTube*«, sagt er.

Das Befreiungsvideo.

»Und?«

»Viele Klicks. Willst du es sehen?«

»Ja, klar.«

Er stellt die Kiste auf die Ladefläche, holt sein Handy heraus und hält es mir hin. Die Tierretter haben einen eigenen Account auf YouTube. Das Video ist stark und eindrucksvoll, aber kürzer, als ich dachte. Außerdem komme ich nicht vor. Eigentlich wird niemand richtig gezeigt, außer Robin.

»Wieso sind wir nicht zu sehen?«

Er schaut mich überrascht an. »Timo meinte, es wäre besser, wenn man dich nicht sieht. Du hast doch schon … eine Vorstrafe.«

Das regt mich jetzt echt auf.

»Warum hast du *mich* nicht gefragt? Ich wollte mich zeigen. Es war eine offene Tierbefreiung und …«

Robin legt mir eine Hand auf den Arm. »Hey, reg dich nicht auf. Timo hat recht, es ist besser so.«

»Aber …«

»Was ist los?«, fragt Timo, der wieder zurückgekommen ist. Er sieht von mir zu Robin.

»Das Video ist hochgeladen«, sage ich mit gesenkter Stimme, denn es muss ja nicht jeder hören.

Wir sehen es uns zusammen erneut an. Am Ende wird gezeigt, wie die Hühner auf eine Rasenfläche gesetzt werden und picken.

»Wo ist das?«, frage ich.

»Darf ich nicht sagen«, erklärt Robin.

Er reicht mir die Kiste und schließt die Hecktür.

»Ich park' den Wagen und komme dann.«

Timo und ich gehen ins Kino, doch im Foyer bleibe ich stehen.

»Warum hast du gesagt, er soll mein Gesicht nicht zeigen.«

Timo wird leicht rot. »Ich wollte mich zeigen. Das war eine offene Tierbefreiung.«

»Ja, schon, aber ...« Er zuckt mit den Schultern. »Robin fand es auch besser.«

Ich spüre diese Wut, die ich manchmal auf Timo bekomme. Wenn er so tut, als ob ich nicht allein auf mich aufpassen könnte.

»Hör' mal, warum machst du nicht mit Molly die Anmoderation des Films?«

Timo ballt kurz seine Hände zu Fäusten. Ich hasse es, wenn er in dieser Stimmung ist.

»Bist du jetzt sauer, oder was?«, sagt er.

»Ich weiß nicht. Ich finde nur, Molly sollte auch mal da vorne stehen. Sie kann das.«

»Molly muss draußen den Stand betreuen. Bist du nervös? Es werden schon genug Leute kommen.«

Ich fahre mir durch das Haar. Ich schwitze. Was ist mit der Klimaanlage hier los?

»Kommen deine Eltern?«

»Kann sein. Meine Mutter muss den Artikel noch fertig schreiben.«

Ich stelle die Kiste ab. Jetzt ist der Moment. Ich sollte Timo sagen, dass Ludwig kommt. Der Jäger. Es ist besser, ich sage es ihm gleich, damit er sich nicht später aufregt.

»Ich habe noch jemanden eingeladen.«

»Ja? Wen?«

»Den Typen, den wir am *Ásgeir*-Konzert getroffen haben. Den Jäger.«

»Wieso?«, sagt Timo. Alles auf Abwehr.

»Weil wir uns hier alle einig sind. Aber es geht doch auch ums Überzeugen. Und darum, neue Mitglieder zu finden.«

Timos misstrauischer Blick. Wir kennen uns schon ziemlich lange. Timo kennt mich, wir vertrauen uns. Und erzählen uns normalerweise alles. Aber ich spüre, dass er Ludwig schon verurteilt hat, also habe ich keine große Lust, ihm zu erzählen, wie sehr ich ihn mag.

Timo sieht mich an, ich kann sehen, wie es in seinem Kopf arbeitet.

»Wann hast du ihm denn Bescheid gesagt?«

»Also ich ... hab ihn noch mal getroffen.«

Keine Lüge!

Timo öffnet den Mund, als ob er noch etwas sagen würde, schließt ihn dann wieder.

»Was nun?«, sage ich und hebe die Kiste wieder auf.

Timo zuckt mit den Schultern. »Ich finde, du solltest die Ansage mit mir machen.«

– Ludwig –

Ihre Nachricht kommt, als ich in meinem Zimmer seitlich auf dem Bett liege und Knausgård lese. *Sterben*. Das Buch hat so interessant angefangen, mit Gedanken über das Leben und den Tod, und jetzt geht es die ganze Zeit über Knausgårds Kindheit. Den schrecklichen Vater. Seinen Wunsch, etwas zu sein, etwas zu werden, weil er nur vom Land kommt. Ich hebe einen Arm. *Hier*! Ich lebe auf dem Land und bin etwas. *Adelig*. Und das schon seit Generationen. *Hurra*. Na und? Was meint Knausgård mit »etwas werden«?

Viele meiner Vorfahren waren richtige Arschlöcher. Haben Bauern unterdrückt, Aufstände niedergeschlagen. Andere waren mutig und haben Widerstand im Dritten Reich geleistet. Herrschen, Beherrschen, Reichtum verprassen, in Gutshäusern wohnen und alle paar Jahrzehnte traumatische Duelle. Das ist die Tradition. Reiten, Schießen, ich habe sogar Fechten gelernt. Zwar nur bis zur sechsten Klasse, weil ich mich anschließend mehr auf die Schule konzentrieren sollte, aber nun ja. *Freunde, ich bin vorbereitet.* Jedenfalls auf das, was ein Graf können muss. Denn egal, wie altmodisch und überholt das alles ist, ich werde darauf vorbereitet, ein Landgut zu führen oder auf die Jagd zu gehen, ein Duell zu überleben oder anderen Anweisungen zu geben. Nur dass diese Dinge eigentlich überhaupt keine Bedeutung mehr für mich haben. Was ist mit dem Leben? Dem richtigen Leben?

Pling macht mein Handy, als ob es mich gehört hätte. *Hier, nimm, das Leben!* Es liegt vor dir. Eine Nachricht von Marie. Ich richte mich sofort auf, lese.

Dies ist ein Rauchzeichen: 17 Uhr Thalia Potsdam. (Muss jetzt das Feuer löschen, damit nicht noch mehr CO_2 in die Atmosphäre gelangt.) Es ist warm! Hoffe, du kommst trotzdem. :)

Okay, sie erwartet mich. Ich atme erleichtert auf. Ich habe sie einmal ungebeten überfallen und habe nicht vor, das ein zweites Mal zu wiederholen. Denn das ist eigentlich nicht meine Art. Aber jetzt ist es anders, ich bin eingeladen. Jetzt sogar ganz offiziell. Ich sehe auf mein Handy. Eine halbe Stunde, ich muss mich beeilen. Ich antworte nur kurz:

Komme.

Abgeschickt. Ich würde gerne noch etwas Geistreiches hinzufügen, aber ich bin viel zu aufgeregt. *Marie.* Ich sehe sie. *Gleich*! Vor Aufregung springe ich auf und renne im Zimmer herum. *Sie hat mir eine Nachricht geschickt.* Zurück zum Bett, dann zum Schrank. Ich reiße ein paar Sachen heraus, die ich vielleicht anziehen könnte, und stopfe sie wieder zurück. Ich kann nicht klar denken. Keine Entscheidung treffen. Werfe mich rückwärts aufs Bett, starre an die Decke. *Marie.* Ich denke an unser Gespräch im Garten. Wie sie mit mir geflirtet hat in ihrer Boxershorts und dem kleinen Hemdchen, so verletzlich und ... zart. Und dann hat sie mir vor die Brust geboxt, ein kleiner fester Schlag, der sich so gut angefühlt hat wie eine Umarmung. *Hätte ich sie küssen sollen?*

Ich federe wieder hoch und gehe ans Fenster. Meine Mutter führt gerade Milton zurück in den Stall. *Perfekt*, denn ich muss mit ihr reden. Sie trägt Reitkleidung, Reithose, ein Polohemd, sogar Handschuhe, obwohl draußen über 30 Grad sind. Ich öffne das Fenster, springe heraus.

Milton ist ihr Pferd, aber ich reite es auch manchmal. Ein ruhiger, zuverlässiger Wallach, wir verstehen uns gut. Er nimmt mich eher wahr als sie, dreht den Kopf, und meine Mutter bleibt stehen.

»Ludwig! Immer durchs Fenster?«

Ich weiß, sie hasst das, aber es musste schnell gehen. In einer halben Stunde beginnt der Film, und ich muss unbedingt mit ihr reden, bevor ich Marie treffe.

Ich gehe zu den beiden, tätschle Milton den Hals. Ich zwinge mich, gelassen und entspannt zu erscheinen. Eile würde meine Mutter nur misstrauisch machen.

»Wie war der Ausritt?«

»Schön. Ein wenig heiß, aber ich wollte ihn unbedingt bewegen.«

»Wie geht es den anderen? Was ist mir Paris' Verletzung?« Der Zuchthengst hat eine Schnittwunde am Bein.

»Der Tierarzt war gestern da und hat es sich angesehen. Er hat eine Salbe dagelassen, für Umschläge.«

»Keine Spritze?«

»Nein, wir wollen es natürlich auskurieren.«

Milton wirft den Hals kurz nach oben, ich weiß, er will in den Stall, an sein Futter und den Eimer mit Wasser.

»Ich kann den Sattel reinbringen«, biete ich an.

Meine Mutter befestigt Milton vor dem Stall. Ich löse den Bauchgurt und nehme den Sattel ab, während sie die Bürsten zum Striegeln holt.

Im Stall ist es kühl, die Pferde sehen aufmerksam auf, als ich in den Stall komme.

»Hey, Leo.«

Unser Stallbursche arbeitet in einer Box und wechselt das Stroh. Er nickt.

In der Sattelkammer riecht es nach Leder und Heu, ich mag den Geruch. Früher bin ich oft in den Stall gegangen, wenn es mir schlecht ging. Dieses Gefühl hatte. Als wäre ich gar nicht da, gefühllos, stumpf. Dann habe ich mich hier auf einen Heuballen gesetzt und gewartet, bis der Zustand vorbeiging.

Ich hänge den Sattel an seinen Stock, lege den Gurt darüber und überlege, wie ich das Gespräch gleich ganz nebenbei auf Maries Mutter bringen kann. Doch nachdem ich aus dem Fenster geklettert bin und meine Hilfe angeboten habe, wird wohl nichts mehr beiläufig klingen.

Als ich zurückkomme, bürstet meine Mutter Milton. Sie würde nie zulassen, dass es jemand anderes für sie tut. Jeder versorgt sein Pferd nach dem Reiten. *Es gehört dazu*, hat sie mir beigebracht.

Ich sehe ihr einen Moment zu, bis sie innehält und mich anschaut.

»Gibt es etwas Bestimmtes, das du mit mir besprechen möchtest?«

Natürlich durchschaut sie mich. Also kann ich es auch ganz direkt sagen.

»Ja, ich ... habe die Tochter von Gesa Nansen kennengelernt. Der Journalistin. Sie hat erzählt, du willst ihre Mutter verklagen?«

Sie wendet sich wieder Milton zu, streicht die Flanken aus.

»Dein Vater hat einen Brief geschrieben«, sagt sie sehr ruhig. Ich kenne den Tonfall, er heißt, sie wird sich meine Einwände anhören, aber eigentlich ist es nicht meine Sache. Wie damals, als ich nicht aus Wannsee wegziehen wollte.

»Es war mehr eine Warnung. Denn wenn sie weiterhin sehr einseitig über die Jäger berichtet ...« Sie richtet sich ganz auf, blickt mich an. »Es ist sehr leicht, die Leute gegen Jäger aufzubringen und dabei die Augen davor zu verschließen, dass der Wald, die Vegetation, mindestens ebenso wichtig für uns alle ist. Auch für die anderen Tiere.«

»Ich weiß doch ...«, sage ich, weil ich keinen weiteren Vortrag brauche. »Aber wenn du sie verklagst, dann heißt es am Ende nur, du bist nicht gesprächsbereit. Warum stellst du die Jäger nicht besser dar? Also in der Öffentlichkeit.«

Sie dreht sich zu mir um, gibt mir die Bürste, während sie den Reithelm abnimmt und das verschwitzte Haar ordnet. Es macht, was es will, genau wie bei mir. Irgendwie beruhigt mich das.

»Ich bin gerade erst auf den Posten gewählt worden. Die Jäger erwarten von mir, dass ich durchgreife und sie verteidige.«

»Ja, aber kann man das nicht besser machen? Warum werbt ihr mit diesem Slogan: *Stark für die Jagd*. Warum nicht ... *Stark für die Natur*!«

Ich könnte noch mehr sagen. Zum Beispiel, dass die Facebook-Seite des Verbandes hauptsächlich dickbäuchige Männer mit

Schlips vor Tierfellen zeigt. Und jeder Post in diesem vorwurfsvollen Ton geschrieben ist.

»Man kann mir nicht vorwerfen, dass ich zu wenig tue.«

Das stimmt. Meine Mutter züchtet nicht nur Pferde, sie ist auch im Pferdezuchtverband und setzt sich dafür ein, dass der Tierschutzplan umgesetzt wird.

»Ich meine nicht *mehr*, sondern nur ... effektiver. Also irgendwie ... jünger.«

Sie nimmt mir die Bürste wieder aus der Hand, legt den Kopf leicht zur Seite und sieht mich an. Dann lächelt sie.

»Du magst das Mädchen.«

Es ist heiß, deshalb fällt nicht auf, dass ich glühe. Eine Hitzewelle, die über meinen Körper spült, weil es stimmt. Trotzdem bleibe ich äußerlich ruhig und schweige. Mein Blick sagt: *Selbst wenn!* Ich verliere nicht meinen Verstand und mein Urteilsvermögen, bloß weil ich verliebt bin. Oder vielleicht doch, aber nicht in dieser Sache.

»Ich muss los«, sage ich.

Ja, ich mag Marie. Ich stehe dazu, und jetzt muss ich fahren, weil ich sie treffen will. Ich streiche Milton über den Hals, der die Berührung nicht erwartet hat und leicht den Kopf herumwirft. Tiere spüren es sofort, wenn du aufgeregt bist.

»Wo gehst du denn hin?«

»Ins Kino. Und dann mal sehen. Wartet nicht auf mich.«

»Mit Philipp?«, fragt sie, als ich schon im Gehen bin.

Ich hebe einen Arm, ohne mich umzudrehen. »Und wir haben eine Eingangstür ...«, ruft sie, als ich auf mein Fenster zugehe, aber ich höre ihrer Stimme an, dass sie eher amüsiert als verärgert ist.

Bis zu meinem Zimmer laufe ich betont entspannt, doch sobald ich außer Sichtweite meiner Mutter bin, sehe ich panisch auf mein Handy. Verdammt, nur noch eine Viertelstunde.

Ich kenne das Thalia-Kino, ich kenne den Weg, doch obwohl ich rase, bin ich zu spät. Weil wenig Zeit war, habe ich einfach das Erstbeste angezogen, was im Zimmer lag, beige Shorts und ein weißes Polohemd, jetzt kommt es mir viel zu förmlich vor. Als ich ankomme, bin ich noch dazu verschwitzt. An der Kasse wird mir gesagt, dass der Film schon lange begonnen hat.

Im Foyer ist ein Biertisch mit Flyern und T-Shirts aufgebaut, am Tisch hängt ein buntes Transparent:

KLIMASCHUTZ: Weil wir eine Zukunft brauchen!

Ein Mädchen steht neben dem Tisch und unterhält sich mit dem Kartenabreißer, aber es ist nicht Marie. Ich verschwinde in die Toilette und mache mich frisch. *Was nun?* Sich einfach noch ins Kino schleichen? Aber ich kenne den Kinosaal, der Eingang ist vorne, jeder würde mich sehen. Warten, bis der Film vorbei ist? Denn ich muss den Film nicht sehen, ich kenne ihn. Wir haben ihn an der Schule gesehen, lange darüber diskutiert, wobei es nicht viel zu diskutieren gab, denn wenn die Gletscher in der Antarktis schmelzen, die Meere durch die steigenden Temperaturen voller Algen sind, die den Fischen den Lebensraum nehmen, wenn das Klima irgendwann kippt und uns allen den Raum nimmt, kann ja wohl keiner sagen: *Wieso ist das mein Problem?*

Ich gehe nach oben, an den Infostand. Das Mädchen kommt sofort näher.

»Hat der Film schon lange angefangen?«, frage ich, weil ich immer noch unsicher bin, ob ich reingehen soll.

»Ja, aber danach gibt es noch eine Diskussion.« Sie lächelt. »Bist du ein Jaggie? Aus Berlin?«

»Nein, ich … bin mit Marie verabredet.«

»Ach, mit Marie!«

Er ist nicht gekommen. Die Enttäuschung ist größer, als ich erwartet habe. Eigentlich habe ich mich die ganze Zeit *nur* auf ihn gefreut. Ich sehe heimlich auf mein Handy.

Komme!

Heißt ja wohl, dass man kommt. Hat er sich nicht hereingetraut? Ich überlege, ob ich eine weitere Nachricht abschicken soll. Etwas wie:

Sitzt du im Kino? Wo?

Was Blödsinn ist, denn es sind nur etwa fünfzig Leute gekommen, die Gruppe ist übersichtlich, ich kenne praktisch jeden. Es ist einfach zu heiß. Timo sitzt neben mir und starrt nach vorne. Er ignoriert, dass ich auf mein Handy sehe, obwohl es ihn bestimmt nervt. Aber ich habe den Film schon dreimal gesehen, ich muss nicht mehr aufpassen, oder? Ich denke, ich bin immer noch sauer, weil er einfach über meinen Kopf hinweg entschieden hat. Vielleicht hätte ich es Robin ja auch gesagt: *Okay, schneide mich auch aus dem Film heraus*, aber das hätte ich gerne selbst beschlossen.

Ein Klappen der Tür, hinter dem dicken Vorhang, ich sehe auf, Timo genauso. Wenn Ludwig jetzt kommt, dann stehe ich auf, gehe ihm entgegen. Oder winke. Ganz lässig. Egal, was Timo denkt oder sagt.

Aber dann ist es ist nur ein Mädchen, das sich rausgeschlichen hat, vermutlich, um auf Toilette zu gehen. Ich sinke zurück in meinen Stuhl.

Kann es sein, dass er nicht kommt, obwohl er es geschrieben hat?

Timo wirft mir einen kurzen Blick zu, weil er meine Unruhe

spürt. *Okay, na gut, dann kommt er eben nicht.* Ich warte auf keinen Typen. Ich bin nicht Molly, die schon seit Monaten um Timo herumschleicht. Mein Leben geht weiter. Ich schließe die Augen, lehne mich zurück. *Immerhin ist er schon einmal gekommen. Vorgestern. Zu mir. Extra. Einfach in den Garten. Hat nicht gerufen, nicht geklingelt, sondern gewartet, bis ich ihn entdecke. Ich mag seine höfliche Art. Hat er mich deshalb nicht geküsst? Zurückhaltung?*

Ich richte mich auf, krame mein Handy wieder heraus, denn auf einmal kommt mir eine Erkenntnis: Komme!

Ich sehe auf die Zeit. Als er die Nachricht geschrieben hat, war es schon kurz vor fünf Uhr. Er konnte gar nicht pünktlich sein, wenn er die Nachricht nicht von unterwegs geschrieben hat. Und wenn er so spät losgefahren ist ...

»Ich geh mal ...«, sage ich leise zu Timo und schiebe mich an dem Pärchen neben mir vorbei. Ein kurzer Blick auf die Leinwand. Leonardo DiCaprio unterhält sich gerade mit Obama, der leider nicht mehr Präsident ist. Und jetzt gibt es Trump, der behauptet, es gäbe gar keinen Klimawandel. So viele Menschen auf der Erde, aber am Ende hängt es von wenigen ab. *Oder?* Nein, es ist gut, die Menschen aufzuklären. Je mehr Menschen verstehen, was los ist, desto mehr kann sich ändern.

Ich öffne die Tür und sauge die etwas frischere Luft im Foyer ein, schaue mich um. *Ist er da?* Während ich mich umsehe, schlägt mein Herz schneller und schneller. Was ist, wenn er nicht gekommen ist? Was ist, wenn ich ihn nie wiedersehe? Er weiß, wo ich wohne, aber ich nicht, wo er wohnt. Ich habe seine Nummer. *Aber ich telefoniere ihm nicht hinterher!* Und während ich immer aufgeregter werde, entdecke ich ihn, und die Aufregung verwandelt sich in Freude, Euphorie. *Er ist gekommen!*

Er steht bei Molly am Infostand, hat einen Stapel Flyer in der Hand und nickt brav, während Molly auf ihn einredet. Oder ihn aufklärt, allerdings ist es auch ein wenig Flirten. Ludwig sieht gut aus, attraktiv, selbstbewusst. Er hat mich noch nicht entdeckt, also gehe ich näher.

»Im Mai sind wir für den Klimaschutz vor dem Reichstag ins Wasser gegangen«, erklärt Molly gerade und fächelt sich mit einem Flyer Luft zu, obwohl es hier gar nicht so heiß ist, da soll sie mal ins Kino gehen. »Wir haben Plakate hochgehalten: *Lasst unsere Zukunft nicht absaufen* oder *Erneuerbar, wunderbar, für alle da!*« So wie sie es sagt, hört es sich nach einer extrem kindischen Aktion an, doch Ludwig nickt nur ernst und konzentriert. Ist er zu allen Mädchen so nett?

»Hey, Marie.«

Molly winkt, obwohl ich nur noch einen Schritt vom Stand entfernt bin. Ludwig dreht sich um, sieht mich, wir nicken uns zu, lächeln, und mein Herz beginnt wieder zu flattern.

»Da drinnen ist es so heiß«, sage ich, was der einfallsloseste Spruch überhaupt ist. *Ganz ruhig.*

»Klimaanlage ist kaputt«, sagt Molly. »Ich hab' schon Bescheid gesagt.«

»Stimmt, Klimaerwärmung geht alle an«, sagt Ludwig und lächelt, aber nicht so, als ob er sich über das Thema lustig machen würde, sondern nur über die Situation. Richtig, Klimaanlagen produzieren auch CO_2. Er ist nicht nur attraktiv, sondern auch schlagfertig und intelligent.

Ich nicke. »Genau. Deshalb sollte jeder den Film sehen.«

»Sorry, ich bin zu spät losgefahren«, sagt er sofort und streicht sein Haar zurück. Eine Geste, die ich mittlerweile von ihm kenne: Er ist verlegen.

Die Tür des Kinos öffnet sich, Timo kommt heraus und direkt auf mich zu.

»Hey, ich dachte schon, du bist umgefallen. Wegen der Hitze und so ...«, sagt er und stellt sich zwischen mich und Ludwig, grüßt ihn aber nur oberflächlich.

»Nein, alles okay«, sage ich.

»Dachte nur ...«

Stimmt, manchmal habe ich Probleme mit dem Kreislauf. Timo hat mich schon zweimal aufgefangen, als ich in einer Demo umgefallen bin. Aber jetzt nicht.

»Sollen wir noch mal reingehen?«, sage ich und schließe alle in meinem Blick ein.

»Ist eh gleich zu Ende«, sagt Timo. Er sieht zu Ludwig. »Und? Bist du Montag noch gut nach Hause gekommen?«

»Ja«, sagt Ludwig nur.

Ich halte die Luft an, ob Timo mehr sagen wird. Jetzt vielleicht eine Diskussion anzettelt. Manchmal ist er so, dann will er einfach nur streiten.

Ludwig deutet auf den Flyer von unserer Klimaschutzaktion und sieht zu mir.

»Warst du dabei?«

»Von ihr gibt es sogar ein Bild. Und ein Video.« Molly holt eifrig ihr Handy heraus.

Timo nickt Ludwig zu. »Du hast den Film verpasst«, sagt er mit diesem leicht aggressiven Unterton.

»Ja, das tut mir leid.«

»Wenn dich der Klimawandel wirklich interessiert ...«

»Ich kenne den Film. Wir haben ihn in der Schule gesehen«, unterbricht ihn Ludwig sofort. Freundlich, aber bestimmt.

Er kennt also den Film. Und ist trotzdem gekommen.

Robin kommt aus dem Kino und wischt sich mit seinem T-Shirt-Ärmel die Stirn.

»Ey, da hält man es ja kaum aus.« Er sieht zu Ludwig, richtet seinen ausgestreckten Arm auf ihn. »Hey, Krokodil aufm Hemd, du weißt schon, dass das nicht korrekt ist?«

Ludwig kennt Robin nicht, daher versteht er seine Art von Humor nicht. Wobei ich mir gerade nicht sicher bin, ob es nur ein Spruch ist oder ganz ernst gemeint.

»Das ist Robin von *Tierretter*«, sage ich. »Und das ist Ludwig, er ...«

»Will sich informieren«, sagt Timo, als ob er mir beispringen müsste. Ich wollte nicht *Jäger* sagen.

Ludwig sieht auf sein Shirt. Ich habe den Eindruck, er entdeckt zum ersten Mal, dass er ein *Lacoste*-Shirt trägt. Vermutlich hat er es sich gar nicht selbst gekauft.

»Ja, stimmt«, sagt Ludwig und sieht zu Robin. Sein Blick ist weder genervt noch beleidigt, eher nachdenklich.

Er lässt den Blick über den Stand schweifen und greift nach einem der *Sea-Shepherd*-T-Shirts in verwaschenem Blau, die wir auch verkaufen. Vorne ist SEA SHEPHERD und das Logo aufgedruckt. Ein Totenkopf, darunter gekreuzt ein Enterhaken und ein Dreizack.

Er hält es Molly hin.

»Wie teuer?«

»Dreißig Euro«, sagt Molly und greift zur Kasse.

Ludwig nickt und zieht einen Fünfzig-Euro-Schein aus seiner Shorts. Er gibt ihn Molly, reißt sich gleichzeitig mit der anderen Hand sein Poloshirt über den Kopf und hält es ihr hin.

»Kannst du das bitte entsorgen?«

Sie nickt und gibt ihm zwanzig Euro Wechselgeld zurück.

Timo stößt mich an. Ich weiß nicht, ob es daran liegt, dass ich Ludwigs leicht gebräunten Oberkörper und seine gut definierten Brustmuskeln etwas zu lange anstarre oder weil er diese Aktion nicht erwartet hat. Vermutlich beides.

»Das nenne ich kurz entschlossen«, sagt Robin.

Wow, denke ich, das gefällt mir. Einfach zu handeln, die ganze Diskussion damit zu beenden. *Wow*.

Ludwig zieht sich das T-Shirt über. Es hat genau die Farbe seiner Augen und steht ihm sehr viel besser als das langweilige Poloshirt.

»Okay, also ...«, sagt Robin, der genau wie wir anderen einen Moment braucht, um die Situation zu verarbeiten. Ludwig ist cool. Ich wusste es.

Robin räuspert sich. »Der Film ist übrigens gleich zu Ende. Ihr solltet vielleicht wieder reingehen.«

»Ja, stimmt ...«, sagt Timo. »Die Diskussion müssen wir aber draußen machen. Wir haben Tische im *Konsum* bestellt.«

»Okay.« Ich mache eine entschuldigende Geste zu Ludwig. »Wartest du?«

Er nickt.

Im Kino läuft schon der Abspann, und Timo und ich gehen gleich nach vorne zu den Mikros. Das Licht geht an, es wird geklatscht. Nicht gerade besonders enthusiastisch, es ist einfach zu heiß.

»Danke, dass ihr so zahlreich gekommen seid«, sagt Timo, und ein wenig Ironie schwingt in seiner Stimme mit. Okay, wir haben mit mehr Leuten gerechnet, aber wir sind daran gewöhnt, dass unsere Aktionen unpopulär sind. Wie eine Rockband, die meist vor leeren Sälen und wenig Publikum spielt oder sogar mit Tomaten beworfen wird. Aber auch wie eine Band, die weiß, wie gut sie ist und dass sie irgendwann Erfolg haben wird.

»Wir wollten eigentlich noch diskutieren«, sage ich ins Mikro. »Aber angesichts der freundlichen Temperaturen im Kino und der kaputten Klimaanlage dachten wir, es wäre vielleicht netter, wenn wir uns vor die Kneipe hier im Kino setzen. Im Foyer gibt es auch ein paar Freigetränke.«

Diesmal gibt es heftigen Applaus.

Alls strömen aus dem Kino, während Timo und ich den Verstärker einpacken und nach draußen zum Stand tragen.

Ludwig ist noch da, und ich bin erleichtert, dass ihn das leichte Chaos nicht stört. Er sieht auf das Display von Mollys Handy. Ich weiß nicht, ob Molly mir einen Gefallen tut, wenn sie ihm die Aufnahmen von mir zeigt. Wie ich mit nassen Haaren, einem gelben Pappschild und einer signalroten Schwimmweste wie eine Boje in einer Gruppe von Jaggies im Wasser hänge. Manchmal denke ich, ich bin langsam zu alt für die Gruppe. Ich will mehr machen. Größere Aktionen. *Sea Shepherd*. Mindestens. Oder mit den Greenpeace-Booten Wale retten.

»Hey, Robin, sollen wir dir den Verstärker noch zum Auto tragen? Wo hast du geparkt?«, ruft Timo.

»Lass sie einfach hinter dem Stand stehen«, sagt Robin. »Ich brauch' jetzt erst mal was zu trinken.«

Timo beugt sich zu mir. »Der Stand muss um sieben abgebaut sein, wenn das Kinopublikum kommt.«

Schon klar, wir sind dafür verantwortlich, und da es schon halb sieben ist, lege ich die Flyer zusammen und packe sie in eine Kiste.

Molly geht schon mit Ludwig nach draußen. Er dreht sich im Gehen zu mir um, ein schiefes, sehr süßes und leicht verzweifeltes Lächeln, das mir unter die Haut geht: *Wir sehen uns draußen. Ich will nicht unhöflich sein.*

»Hilfst du mal«, sagt Timo.

Wir klappen den Biertisch ein. Ich erwarte, dass er noch etwas über Ludwig sagt, aber er schweigt.

Zwei der Jaggies kommen und tragen den Biertisch raus, zwei andere nehmen die Pappkisten mit den Flyern, ich lege das Transparent zusammen.

»Und die Anlage von Robin?«, fragt Timo.

Als ob Timo wüsste, wie dringend ich nach draußen und zu Ludwig will, macht er alles superkompliziert.

»Die können wir doch stehen lassen«, sage ich. »Ich gehe die vom Kino mal fragen.«

»Ist in Ordnung«, sagt eine der Mitarbeiterinnen vorne an der Kasse. Es ist keine Schlange vor dem Verkauf, niemand geht heute ins Kino. Schon gar nicht, wenn die Klimaanlage ausgefallen ist.

»Nehmt die Sachen einfach nachher mit.«

Das Popcorn liegt hinter einer Glasscheibe, direkt vor mir. Eigentlich habe ich sonst nie Appetit auf Popcorn und esse es auch nie. *Aber jetzt.*

»Ist das mit Butter?«, frage ich.

Sie zuckt mit den Schultern.

Mist. Irgendwo müsste stehen, was im Popcorn ist, aber es ist mir gerade zu nervig, nach der Inhaltsliste zu fragen. Manchmal komme ich mir pingelig und überkorrekt vor, wenn ich jeden Keks auf Molkereiprodukte überprüfe, bevor ich einfach zugreife.

»Ich nehme eine Portion«, entscheide ich spontan. »Oder drei. Große.«

»Sind die nicht mit Butter«, sagt Timo, als er zur Kasse kommt.

»Ich glaube, es ist Öl«, sagt das Mädchen hinter der Kasse.

Danke, forme ich mit den Lippen.

– Ludwig –

Vor dem *Konsum* sind die Gartentische auf dem Gehweg zusammengeschoben, und alle setzen sich.

»Komm, wir gehen hierhin«, sagt Molly energisch.

Ich habe das Gefühl, sie will mir am Ende des Abends einen

Aufnahmeantrag für Greenpeace unterschieben, wenn ich zu betrunken bin, um Nein zu sagen. Jedenfalls benimmt sie sich so. Der Witz ist nur: Ich würde sofort eintreten. *Her mit dem Antrag*! Oder regelmäßig etwas spenden. Ich finde gut, was Marie und die anderen machen.

Molly deutet auf einen Platz am Kopfende des Tisches. Ich will auf Marie warten, aber da ich als Letzter noch unentschlossen herumstehe, setze ich mich dann doch.

»Molly? Du machst doch morgen den Vegan-Meet-up am Heiliger See«, ruft jemand über den Tisch.

»Ja, klar«, ruft sie zurück.

»Gehst du hin?«, fragt das Mädchen neben mir.

»Ja, komm mit. Marie kommt auch«, sagt Molly.

Ich nicke vage, da ich keine Vorstellung habe, was das sein soll: Ein Vegan-Meet-up. Treffen sich da Veganer? Darf man da hin, wenn man Fleisch isst?

Alle paar Sekunden sehe ich zum Ausgang des Kinos. Ich finde Marie immer wieder, aber anscheinend verliere ich sie auch ständig. Endlich kommt sie mit drei großen Tüten Popcorn nach draußen. Sie verteilt sie auf den Tischen.

»Sind die nicht mit Butter?«, sagt Molly.

»Öl«, sagt sie nur.

Da kein Platz frei ist, zieht Molly Marie auf ihren Schoß, jetzt sitzt sie neben mir.

»Hallo«, sagt sie und lächelt. Einen Moment halten wir den Blick, als ob wir einchecken würden. *Ja, es ist alles noch da.*

Marie dehnt ihren Hals.

»Bist du verspannt?«, sagt Molly und beginnt sie sofort zu massieren. Sie knetet ihre Schultermuskeln, streicht ihren Rücken aus. Marie lässt den Kopf nach vorne fallen, entspannt sich komplett. Wie macht sie das?

Ich wippe nervös mit einem Bein. Mein ganzer Körper steht unter Spannung. Was ist, wenn dieser Timo wieder über das Jagen reden will?

»Besser so?«, fragt Molly und küsst Marie auf die Schulter.

Marie lässt den Kopf nach hinten fallen, stöhnt übertrieben, jemand am Tisch lacht.

»Nehmt euch ein Zimmer«, ruft der Typ über den Tisch. Marie streckt ihm die Zunge heraus, ein Piercing blitzt in der Sonne.

»Hey, was willst du trinken?«, fragt das Mädchen neben mir und legt ihre Hand auf meinen Unterarm.

»Wasser«, sage ich, nicht nur, weil man damit nichts falsch machen kann, sondern auch, weil ich es tatsächlich am liebsten trinke.

Das Mädchen winkt einer Kellnerin zu, die vollkommen überlastet ist. Hier werden wir so schnell nichts bekommen.

»Ich geh mal rein«, sagt Molly.

Marie lässt sich auf ihren Stuhl fallen. Der Typ, dem Marie die Zunge herausgestreckt hat, kommt näher. Hundertprozentig will er was von ihr.

Das Mädchen neben mir rückt näher an mich, er quetscht sich neben sie, beugt sich über den Tisch, grinst.

»Hey, Marie, du kommst doch zum Vegan-Meet-up, oder?«

»Ja.«

»Kann ich Avocados mitbringen?«

»Nein, die haben wir letztens auf die Liste gesetzt.«

»Auf die Liste?«, frage ich.

»Auf die Liste der Lebensmittel, die der Erde nicht guttun.«

»Wegen der Transportwege«, sage ich und fühle mich wie in der Schule, wenn mir spontan eine richtige Antwort eingefallen ist.

»Nicht nur«, sagt das Mädchen neben mir und legt schon wieder ihre Hand auf meinen Unterarm, was mich langsam etwas nervös macht.

»Die Produktion ist unwirtschaftlich«, sagt der Typ. »Die Avocado braucht 1000 Liter Wasser pro Kilogramm. Nimm Salat, der braucht nur 130 Liter. Mehr Wasser verbraucht nur noch die …« – er setzt Anführungsstriche in die Luft – »*Herstellung* von Fleisch. 1500 Liter pro Kilogramm.«

»Aber du hast schon recht«, sagt das Mädchen und tätschelt meinen Unterarm. »Die Avocado muss auf dem Transport gekühlt werden, also gibt es auch einen hohen CO_2-Ausstoß.«

»Ja, klar, das CO_2 …«, sage ich. Die Antwort war also nur drei minus, und am besten halte ich demnächst einfach die Klappe.

Marie grinst still in sich hinein. Merkt sie überhaupt, dass alle Augen auf sie gerichtet sind? Ihr jeder gefallen will? Ich beuge mich zu ihr, flüstere.

»Was ist ein Vegan-Meet-up?«

Sie lächelt, flüstert zurück. »Oh, nur ein Picknick. Mit veganen Sachen. Und Molly hält einen kleinen Vortrag.«

Marie ist also vegan. Vermutlich sind alle hier vegan. Ich überlege, was ich sagen soll, wenn sie mich fragen. Die Wahrheit? Dass ich nur selbst geschossenes Wildfleisch esse? Kein Fleisch aus Massenhaltung. Noch nicht mal Biofleisch. Eigentlich esse ich bio, Tiere aus dem Wald. Nur bezweifle ich, dass das jemand hier so sehen wird.

»Komm vorbei«, sagt das Mädchen neben mir. »15 Uhr am Heiliger See.«

Marie winkt der Bedienung, aber die übersieht sie. Sie steht auf. »Ich hole von drinnen Getränke. Was wollt ihr?«

Jeder ruft ihr etwas zu. Sie zieht ihr Handy heraus, notiert sich alles in die Notizen.

»Du könntest hier sofort als Bedienung anfangen«, sagt der Typ und lacht. *Idiot*. Marie ist viel zu ehrgeizig dafür. Sie wird irgendwann Greenpeace leiten oder ihr eigenes Ding machen.

Ich schiebe meinen Stuhl zurück. »Ich helfe dir tragen.«

Alle sitzen draußen, drinnen in der leeren Kneipe ist es angenehm leer und etwas kühler. Es läuft Rockmusik der 80er. Wir gehen zum Tresen, aber die Barkeeperin ist irgendwo unterwegs.

»Sorry für das Chaos«, sagt Marie und lehnt sich an die Bar. Jetzt sehe ich, wie erschöpft sie von der Veranstaltung ist. Ich möchte sie am liebsten in den Arm nehmen und halten. Einfach nur halten.

»Ist doch okay so«, sage ich, weil ich weiß, wie die Treffen bei den *Jungen Jägern* ablaufen. Auch nicht besonders geordnet. »Ich habe übrigens mit meiner Mutter gesprochen.«

Marie richtet sich sofort auf. »Ja?«

»Ich denke nicht, dass sie deine Mutter verklagen wird. Ich denke sogar, deine Mutter und meine Mutter – sie wollen eigentlich das Gleiche.«

»Ach?«, sagt Marie mit einem skeptischen Blick.

»Meine Mutter züchtet Pferde und bemüht sich ständig um Verbesserungen im Stall und in der Behandlung und Ernährung der Pferde. Sie ist auch für Umwelt- und Tierschutz.«

Marie lächelt. »Vielleicht sollten die beiden sich mal unterhalten.«

»Ja, nur zu zweit«, sage ich und meine gleichzeitig Marie und mich. Einfach mal reden, ohne die Gruppen und Menschen um uns herum.

»Was wollt ihr?«, fragt die Barkeeperin, die zurück ist, was wir aber beide nicht bemerkt haben. Marie diktiert ihr die Liste.

»Ich bring alles raus«, sagt sie.

Wir bleiben trotzdem am Tresen.

»Es ist gerade total viel los, also bei Greenpeace und so. Jeden Tag haben wir eine Aktion«, sagt Marie.

»Molly hat mich zum Vegan-Meet-up eingeladen.«

»Ja, Samstag am See. Wir können schwimmen gehen.«

»Hey, Marie.«

Timo winkt und kommt auf uns zu. Wie immer ignoriert er mich und sieht nur Marie an. »Robin holt gerade den Wagen. Wir müssen einpacken und alles zurückbringen, er muss los.«

»Komme«, sagt Marie, obwohl sie erschöpft ist. Ich möchte sie halten. Jetzt erst recht.

»Okay, bis Samstag«, sage ich so leise, dass Timo es nicht hört, und sie nickt.

6

Am See

– Marie –

»Fang sie ein und dann halte sie«, rufe ich Timo zu, weil er das kann. Ein Huhn so halten, dass es sich nicht mehr bewegt.

Er rennt Henny hinterher, greift sie geschickt und bringt sie zu dem Stall. Zwei Tage Arbeit, obwohl wir es uns leicht gemacht haben. Der Wohnkasten ist eigentlich ein Kaninchenstall, er ist fertig gekauft. Wir haben eine Leiter angebaut und für den Freilaufbereich Latten und Maschendraht aus dem Baumarkt besorgt, die Latten zu einem Rahmen zusammengeschlagen und den Draht darübergespannt. Jetzt kommt mir der Freilaufbereich allerdings sehr klein vor. Vorher hatte Henny den ganzen Garten, nur nach vorne hin haben wir einen Maschendraht gespannt.

»Was ist, wenn sie fliegen will?«

»Hühner fliegen nicht«, sagt Timo und setzt Henny in den Stall im Gehege. »Du solltest ihr noch eine Kiste geben, in der sie brüten kann.«

»Was denn brüten?«

Timo lacht, wie er es oft tut, wenn es darum geht, wie Kürbisse wachsen oder Erbsen oder Kohl oder wie Tiere auf einem Bauernhof leben. *Ja, nun.* Ich bin ein Stadtkind, und ich stehe dazu.

»Na, sie brüten auf ihren Eiern«, sagt er, als hätte ich überhaupt keine Ahnung. Aber so viel weiß ich: Ohne Hahn – keine Küken.

»Aber die Hühner wissen das nicht«, erklärt mir Timo. »Sie brüten halt. Du musst ihnen die Eier wegnehmen, wenn du sie essen willst.«

»Will ich nicht …«, sage ich.

»Oder sie verkaufen.«

»Für dreißig Cent?«

Mir wird klar, wie irrwitzig billig Eier sind, wenn man bedenkt, wie viel Aufwand man mit Hühnern hat.

»Deshalb werden sie in Legebatterien gehalten«, sagt Timo.

»Put, put, put.«

Er lockt Henny aus der Kiste, in die sie sich in der hintersten Ecke verschanzt hat.

»Robin hat erzählt, dass ein wildes Huhn nur 15 Eier im Jahr legt«, sage ich. »Das hört sich wesentlich gesünder an.«

Wir knien uns ins Gras und streuen Körner in das Gehege, aber Henny schaut noch nicht mal raus und kommt schon gar nicht die Holztreppe herunter.

»Die Macht der Gewohnheit«, sagt Timo. »Wer immer eingesperrt ist, will es am Ende gar nicht mehr anders.«

»Manche Menschen leben so.«

»Mein Onkel«, sagt Timo. »Jeden Tag ins Büro.«

»Also ich würde durchdrehen.«

»Er sagt, es ist ein schönes Büro.«

»Ich würde trotzdem durchdrehen.«

Ich streue Henny Körner auf die Treppe. Ich werde ihr kein Futter in den Stall legen, sie muss schon rauskommen.

»Stell dir vor«, sage ich, »sie bleibt da jetzt immer drin und wartet auf Futter. Was muss ich dann machen?«

Timo grinst. »Vielleicht ist sie einfach in der Pubertät und will nicht ständig gestört werden.«

Ich schubse Timo, der sich fallen lässt und albern lacht.

»Ich sag ja nur …«

Das verdient Prügel. Ich werfe mich auf ihn und versuche ihn zu kitzeln, weil ich ihn damit am meisten ärgern kann. Er windet sich, dreht sich weg, lacht, zuckt. Als ich auf ihm sitze, schnappt er meine Handgelenke und hält sie fest. Eisern. »Hey, lass mich frei, sonst …« Ich grinse teuflisch und drücke meine Knie in seinen Brustkorb.

Timo wird auf einmal ernst.

»Was ist?«, sage ich, denn den Ausdruck kenne ich. Habe ich ihm wehgetan? Er löst den Griff, setzt sich auf. Ich rutsche von ihm herunter.

»Was ist das mit diesem Ludwig?«, sagt er und starrt dabei auf den Rasen, als wäre da etwas irre Interessantes. Ich verstehe den Themenwechsel nicht.

»Was soll mit ihm sein?«

»Molly meinte, er kommt heute zum Vegan-Meet-up. Ich meine … der Typ ist Jäger!«

»Falsch. Er hat seinen Jagdschein noch gar nicht.«

»Ist er vegan?«

Ich habe keine Ahnung. Vermutlich nicht. Eigentlich sicher nicht.

»Vielleicht will er vegan werden. Molly will ja auch informieren. Es kommen einige, die sind Vegetarier. Max, zum Beispiel.«

Timo sieht mich mit schief gelegtem Kopf an.

Ich halte seinem Blick stand. »Was?«

»Max will was von Molly. Deshalb kommt er.«

Das Gespräch nimmt keine gute Wendung.

»Ist doch egal, wie man zum Veganer wird, oder?«, sage ich leichthin, stehe auf und streiche mir das frisch gemähte Gras von den Beinen. »Außerdem müssen wir jetzt los. Molly wartet.«

Auf dich, hätte ich hinzufügen können, aber ich will keinen Streit, denn eigentlich ist der Tag viel zu perfekt dafür.

Im Sommer sind wir Jaggies oft am See. Molly, Max und ein paar andere sind schon da, obwohl wir eine halbe Stunde zu früh sind. Weil Ferien sind, ist es voll an den Liegeplätzen, aber sie haben eine ruhigere Stelle nah am Ufer zwischen Bäumen gefunden. Molly breitet gerade ein großes lila Laken aus.

Wir stellen die Räder ab und tragen unsere Fahrradtaschen zum Ufer. Ich habe einen veganen Apfelkuchen gebacken und Obst dabei. Ich stelle sie zu den Schüsseln und Dosen mit Obst, Melone, Nüssen und Feigen. Alles sieht bunt und frisch und gesund aus. Ich verstehe nicht, dass manche Menschen denken, eine vegane Lebensweise würde Verzicht bedeuten. Es ist wie im Paradies, mit Obst und Feigen und Nüssen.

»Oh, geil, Kuchen«, sagt Max. Wir alle lieben Kuchen. Kuchen ohne Ei und Milch. Ich bin gespannt auf unser Festmahl, und ich freue mich auf das Schwimmen. Ganz leicht zu werden. Auf die Sonne, die sich auf der Wasseroberfläche spiegelt. Die Haubentaucher, die um mich herumschwimmen, der Blick von der Mitte des Sees aus zurück auf die riesigen alten Bäume am Ufer.

Und ich freue mich auf Ludwig. Wenn ich an ihn denke, wird alles ganz weit und leicht in mir. Ich kann atmen, ich fühle mich frei, ich will ihn küssen. Heute. Unbedingt.

Molly sortiert alle Sachen auf dem Laken.

»Oh, Timo, Hafermilch, das ist toll, die habe ich komplett vergessen.«

Mein Kuchen scheint sie nicht halb so viel zu interessieren, wie die zwei gekauften Tüten mit Getreidemilch. Ich muss still grinsen, weil ich mich frage, wann Timo endlich begreift, dass Molly verliebt in ihn ist. Ihm ständig Zeichen gibt. Sie sollte ein Transparent malen, damit er es kapiert: *Ich liebe dich!* Aber vielleicht will Timo es auch gar nicht sehen. Für einen Moment macht mich das nachdenklich. Wenn wir Jaggies schon untereinander so viele Verständigungsschwierigkeiten haben, wie sollen wir dann die Welt auf die großen Probleme der Welt aufmerksam machen? Wir müssen noch lauter, noch deutlicher werden. Die Welt verändern, indem wir immer wieder erklären, was besser sein könnte. Kommunizieren.

Ich beuge mich zu Timo, der eine Kirsche nach der anderen in seinen Mund stopft.

»Molly ist in dich verliebt. Ganz sicher.«

Er sieht mich an, kneift kritisch die Augen zusammen. »Warum sagst du das?«

Ich zucke mit den Schultern. »Weil sie leidet.«

»Wir alle leiden«, sagt Timo und schleudert einen Kirschkern Richtung Wasser, der aber nur im hohen Schilf am Ufer landet.

»Hey, Timo, wir nehmen den Müll wieder mit«, sagt Max.

Timo verdreht die Augen. »Das ist öko. Da am Ufer wächst jetzt ein Kirschbaum.«

Ich sehe auf mein Handy. Gleich drei Uhr.

»Wollen wir schwimmen gehen?«, fragt Timo.

Eigentlich schon, aber ich will auf Ludwig warten. Ihm den See zeigen, zuerst mit ihm ins Wasser gehen.

»Vielleicht nachher«, sage ich.

Immer mehr Leute kommen. Die meisten kenne ich, aber viele haben Freunde mitgebracht, die sich für ein veganes Leben interessieren.

»Es geht ja nicht nur um das Essen«, sagt Molly zu einem Mädchen. »Es geht auch um Kosmetik und Kleider. Ich habe lange gesucht, bevor ich Winterschuhe gefunden habe, die kein Leder enthalten.«

»Hey, sag das doch laut für alle«, ruft ihr Timo zu, der immer noch leicht missmutig neben mir sitzt.

Molly wird rot. »Wenn alle da sind«, sagt sie, aber eigentlich sind alle da. Es ist schon halb vier.

»Wollte Ludwig nicht noch kommen?«, sagt sie und sieht zu mir.

»Er hat vorher noch ein Treffen, er weiß nicht, ob er es pünktlich schafft.«

Ein Treffen. Er hat mir nicht gesagt, was für ein Treffen, und ich wollte auch nicht nachfragen. Er kann ja machen, was er will. Mir fällt das Mädchen aus dem *Gretchen* ein. Die dunkelhaarige Schönheit. Vielleicht ist ihm das mit uns zu viel. Unsere Unterschiede, der Streit, den unsere Mütter haben. Und das Treffen war nur ein Vorwand. Aber so schätze ich ihn nicht ein. Trotzdem nagt es an mir. Ich will nicht hier sitzen und mich nach ihm sehnen, doch ich wünsche mir sehr, ihn wiederzusehen. Wie blöd, dass ich gestern Nachmittag losmusste. Ludwig ist dann kurz darauf gefahren, hat Molly mir erzählt. Er ist wegen mir gekommen und gefahren, als ich gegangen bin. *Das ist doch eindeutig.*

– Ludwig –

Jetzt sitzen wir schon zwei Stunden hier rum, und alles ist besprochen, finde ich. Außerdem steht es auf der Website, dort kann es jeder nachlesen. Aber natürlich wird es wiederholt.

»Warum bist du so zappelig?«, fragt Hubert.

»Weil ich nach draußen will.«

Genauer an den See, zu Marie.

»Zu diesem Treffen? Was ist das für ein Treffen?« Er grinst. »Ein Date? Thea?«

»Vielleicht«, sage ich geheimnisvoll. Das mit Marie ist noch zu frisch, um es zu erzählen, und ich möchte mit Hubert auch keine Diskussion über veganes Leben beginnen. Er versteht noch nicht mal, warum ich nichts von dem Rehfleisch haben will. Mein erstes

Opfer. *Nein, Opfer ist falsch.* Meine erste Trophäe. Auch falsch. Jedenfalls will ich kein Fleisch von diesem Rehbock.

»Die Anreise ist am Freitagabend zwischen 19 und 20 Uhr«, sagt Konstantin, der Gruppenleiter. »Begrüßung durch den Landesjagdverband Brandenburg, dann gemeinsames Grillen.«

»Ich habe so einen Hunger, ich könnt jetzt schon grillen«, sagt Hubert leise. Er hat eigentlich immer Hunger.

»Am Samstagmorgen geht es dann auf eine Paddeltour und anschließend in ein Jagd- und Naturmuseum im Nachbarort. Danach stärken wir uns bei einem Wildtopf.« Er sieht zufrieden in die Runde. »Und für den Höhepunkt und jagdlichen Abschluss am Abend sorgt die Landeswaldoberförsterei in Steinförde. Also bringt eure Jagdscheine mit, liebe Freunde!«

»Hast du deinen schon bekommen?«, fragt Hubert.

Ja, ich habe ihn bekommen. Er liegt in meiner Schreibtischschublade.

»Nein«, sage ich.

Ich weiß nicht, ob ich mit auf die Jagd will, aber das kann ich Hubert gerade schlecht erklären.

»... und am Sonntag, nach dem Frühstück, trennen wir uns wieder ... noch eine Woche.«

»Na, hoffentlich kommt dein Jagdschein rechtzeitig«, sagt Hubert.

Darauf sage ich nichts. Stühle werden geschoben.

»Jagdhornbläser, denkt an eure Instrumente«, ruft Konstantin.

Ich stehe auf.

»He, wartet mal«, sagt ein älterer Typ und stellt sich nach vorne. »Wir haben noch eine Ankündigung.«

Ich sehe auf mein Handy. *Verdammt, ich komme zu spät.*

Konstantin hebt die Hände. »Bitte noch mal hinsetzen, Freunde. Gerold will etwas sagen«

»Wer ist das?«, frage ich Hubert. Ich bin neu, ich kenne die meisten nicht. »Ist der auch ein junger Jäger?«

Junger Jäger ist man zwischen 18 und 35, der Typ sieht älter aus.

»Gerold? Der arbeitet in einer Sondereinheit der Bundeswehr. Er macht diesen Jagd-Blog, den ich dir mal gezeigt habe.«

»Wo sie Waffen testen und so?«

»Genau.«

Der Typ ist mir nicht sympathisch. Ich frage mich, ob er die Waffen auch auf Menschen richtet, wenn er in der Sondereinheit der Bundeswehr arbeitet. Okay, das ist nicht fair. Wahrscheinlich bin ich nur genervt, weil ich endlich gehen will und er jetzt wieder eine neue Diskussion eröffnet. Wieso? Es war doch alles geklärt.

Zwei weitere Jäger gehen nach vorne und stellen sich rechts und links neben Gerold.

»Wir sind die Sondergruppe Wolf.«

Ich stöhne leise. Beim letzten Treffen wurde schon endlos über die Wölfe diskutiert. Jetzt gibt es also eine Sondergruppe Wolf.

»Der Wolf ist seit 2007 im Revier zurück«, sagt Gerold, als ob es Neuigkeiten wären. »Seit Februar 2017 gibt es die Wolfverordnung im Land Brandenburg. Danach ist das Landesumweltamt für die Wölfe in Brandenburg zuständig. Wir sehen, wohin das führt.« Er macht eine wirkungsvolle Pause. »Der Wolf muss zur Jagd freigegeben werden. Als junge Jäger sollten wir aktiv werden.«

Hubert steht auf. Die Wölfe sind sein Thema. Er liebt sie. Er hat eine Kamera im Wald installiert und beobachtet ihr Verhalten. Wie sie sich versammeln, heulen, jagen, fressen. Die Wölfe sind wesentlich bessere Jäger als wir. Aber vielleicht ist genau das ein Problem.

»Was habt ihr gegen den Wolf?«, sagt Hubert. »Er ist ein Tier, er lebt im Wald und jagt. Genau wie wir.«

»Der reißt die Schafe und holt sich die Nutztiere.«

Hubert richtet sich noch etwas gerader auf. »Der Wolf nimmt euch nichts weg. Es gibt genug Wild zu jagen.«

Wie spät ist es? Verdammt, ich muss los. Aber ich will Hubert hier nicht allein lassen. Seine Haltung zum Wolf teilt hier fast keiner – außer mir. Der Wolf lebt im Revier, wir müssen damit klarkommen. Abschießen ist der letzte Ausweg und nicht Aufgabe der Jäger.

»Mann, Hubert, wir sagen ja nicht, dass wir alle Wölfe abschießen wollen. Aber die vermehren sich. Und die haben hier keine natürlichen Feinde.«

Okay, ich muss was sagen. Ich erhebe mich vom Klappstuhl. Die wenigsten kennen mich, und ich fürchte, ich mache mir schon vor dem Camp Feinde. Aber ich lasse Hubert nicht hängen.

»Wenn Nutztiere gerissen werden«, sage ich möglichst ruhig, »dann erfolgt eine Einzelbeurteilung über das Landesamt für Umwelt, und es gibt Entschädigung. Es gibt auch Zuschüsse zur Einzäunung und andere Maßnahmen, um die Nutztiere zu schützen. Der Wolf unterliegt in Deutschland dem Naturschutz, und das ist gut so.«

Ein ärgerliches Murren geht durch die Gruppe. Hubert sieht mich an, zieht resigniert eine Augenbraue hoch. Ich habe wohl nicht den richtigen Ton getroffen. Oder keiner hat mich richtig verstanden. Außerdem sind die Wolfgegner hier eindeutig in der Mehrheit.

»Wie soll die Abschussplanung erfolgen, wenn der Wolf sich hier munter vom Wild ernährt?«

Ich setze mich wieder. Die Abschlussplanung. Auch so ein Thema. Hubert sieht mich an, ich zucke mit den Schultern.

»Wo ist Rotkäppchen eigentlich?«, frage ich.

Hubert grinst. »Kasper? Verreist. Der kommt dann direkt zum Camp.«

Als die Versammlung endlich beendet ist, ist es vier Uhr und ich verabschiede mich von dem Plan, einigermaßen pünktlich beim Vegan-Meet-up zu sein. Hubert ist immer noch aufgebracht wegen der Diskussion.

»Die sollen den Wolf in Ruhe lassen und lieber anständige Abschusspläne machen. Die stimmen doch hinten und vorne nicht.«

»Hey, die kann man nicht belehren. Die wollen den Wolf abschießen.«

»Nur über meine Leiche«, sagt Hubert grimmig.

»Besser nicht.«

Ich steige auf mein Rad. In zehn Minuten bin ich am See. In zehn Minuten sehe ich Marie. »Okay. Dann bis zum Camp.« Hubert nickt. »Das wird geil. Ich hol' dich ab.«

»Danke. Bis dann.«

Von der Innenstadt in Potsdam bis zum See sind es höchstens zehn Minuten, ich schaffe es in sechs Minuten. Als ich am See ankomme, fällt mir ein, dass ich keine Ahnung habe, wo der Treffpunkt ist. Also fahre ich die üblichen Badestellen am See ab. Im letzten Jahr bin ich oft gleich nach der Schule mit Philipp zum Schwimmen gefahren. Es kommt mir seltsam vor, dass ich Marie noch nie hier getroffen habe.

Als ich es gerade aufgeben will, sehe ich Molly in einer Gruppe nah am Ufer zwischen den Birken auf einer Decke sitzen und diskutieren. Ich stelle mein Rad ab und gehe auf die Gruppe zu. Marie ist nicht dabei, das erkenne ich sofort. Ich sehe zum See. Eine glatte, funkelnde Oberfläche, strahlende Sonne. Es ist heiß, am liebsten würde ich sofort reinspringen. Und dann sehe ich, wie sie aus dem Wasser kommt. Ihr Haar, das ihr Gesicht sonst wie eine Mähne einrahmt, ist nass und viel länger als sonst. Sie hat mich noch nicht entdeckt, sieht sich kurz zu den beiden Jungs um, die noch im Wasser sind und streicht ihr Haar zurück. Sie trägt einen kleinen nussbraunen Bikini, der nur etwas dunkler als ihre gebräunte Haut ist. Mir fällt auf, wie groß sie ist, schlank, mit langen Beinen. Etwas verschiebt sich in mir, und ich muss an den Rehbock denken, den ich getötet habe. Ich zucke leicht zusammen, denn so habe ich es noch nie formuliert. Getötet. Nicht erlegt, als hätte man es zu Boden gebracht, als wäre es fast eine freundliche, nette Geste. Auch nicht erschossen oder getroffen, als wäre die Waffe daran schuld und nur der Schuss wichtig, das Ziel. Egal ob Zielscheibe oder ein Tier. Aber es war – ein Lebewesen. Ich wische den Gedanken weg, gerade ist er mir unerträglich.

»Hey«, ruft sie und kommt auf mich zu. Die Jungs sind noch im Wasser. *Bodyguards*. Ich blinzle gegen die Sonne in ihrem Rücken, als hätte ich sie erst jetzt erkannt.

»Hey.«

Marie zeigt zu der Gruppe auf der Decke. »Molly hat schon alles erklärt ... Aber es gibt noch ganz viel zu essen.«

Als ob mich das interessieren würde.

An ihren Wimpern hängen Wassertropfen, die Sonne beleuchtet ihre nackten Schultern, ich fühle mich sofort zu dick angezogen.

Ich folge ihr zu der Gruppe. Molly lächelt uns entgegen, einige sehen auf.

»Das ist Ludwig«, sagt Marie in die Runde, mehr nicht.

Manche stellen sich selbst vor, Namen schwirren mir entgegen, ich kann mich nicht darauf konzentrieren.

»Timo kennst du ja, und das ist Max«, sagt Marie, als die beiden Jungs nachkommen. Sie schnappen sich Handtücher. Timo wirft Marie ein Handtuch zu, ganz klar, sein Territorium, aber ich habe nicht vor, das zu akzeptieren. Marie wischt sich ihr Gesicht trocken, legt das Handtuch dann ab und sieht mich an.

»Heiß heute, oder? Das Wasser hat bestimmt 27 Grad. Willst du dich abkühlen?«

»Klar«, sage ich und setze meinen Rucksack auf den Boden.

»Na, los. Ich gehe noch mal mit in den See.«

Ich reiße mir das Sea-Shepherd-T-Shirt über den Kopf, das ich extra mit Hand gewaschen habe, damit ich es heute wieder anziehen kann, kicke die Turnschuhe ab. Alle Kleider sind mir auf einmal lästig. Raus aus den Shorts, die Schwimmshorts trage ich schon drunter.

»Bis gleich«, sagt Marie und winkt beiläufig in die Gruppe. Nur wir beide. Das hatte ich gehofft, trotzdem bin ich überrascht, wie einfach es auf einmal ist, die Gruppe hinter uns zu lassen.

Das Wasser an der Einstiegsstelle ist niedrig, wir waten die ersten Meter durch Sand und hüfthohes Wasser. Die Sonne scheint golden über den See. Ich blicke auf den tätowierten Schmetterling auf ihrer Schulter. *Überall ist Leben.*

Am Ufer werfen sich zwei Jungs einen Schwimmball zu, dahinter tobt eine Gruppe. Marie köpft flach ins Wasser, ich tauche hinter ihr her, wir kommen gemeinsam einige Meter vom Ufer entfernt wieder nach oben und sind allein. Noch ein paar Schwimmzüge, und wir befinden uns mitten auf dem See. Es ist, als ob wir nur darauf gewartet haben, die ganze Zeit. Marie schwimmt auf mich zu, legt ihre Hände um meinen Nacken, zieht mich zu sich heran. Ihre Lippen auf meinem Mund, bevor ihr Körper meinen trifft. Wie eine Begrüßung. Ich lege meine Hände auf ihre Hüften, nur ein Moment, dann löst sie sich wieder von mir.

»Komm, wir schwimmen rüber.«

Wir haben uns geküsst. Nun, eigentlich habe ich ihn geküsst. Auf seine Blicke geantwortet, die halb geöffneten Lippen geschlossen, es bestätigt. *Ja, ich mag dich!* Sehr sogar.

Ich muss lächeln, denn ab jetzt haben wir einen Pakt. Dieser See gehört uns, die Sonne, die Bäume um den See, alles. Wir sind das Wasser, die Luft, die Natur. Wir gehören zusammen.

Ich schwimme neben Ludwig, entspannte Schwimmzüge, damit ich ihn ansehen kann. Auch er krault nicht, obwohl er das kann, was mir gefällt.

Ich zeige auf die gegenüberliegende Seite.

»Rechts ist das Schilf eingezäunt, Naturschutz, aber dort links, gibt es eine Stelle am Ufer, da können wir raus.«

Keiner von uns zweifelt daran, dass wir es bis drüben schaffen. Das andere Ufer ist unsere Insel.

Er nickt, schwimmt mit ruhigen Zügen neben mir, legt sich dann im Wasser auf den Rücken und schließt die Augen, als ob er sich in der Sonne auftanken müsste. Wir sind gut zwei Drittel über den See geschwommen.

»Machst du schlapp?«, frage ich gespielt empört.

Er dreht sich wieder zurück, blinzelt. »Wer eher drüben ist. Eins, zwei ...«

»Okay«, unterbreche ich ihn, »aber ich will einen Vorsprung.«

Er zieht die Augenbrauen hoch. »Wieso Vorsprung?«

»Weil ich ein Mädchen bin und kleiner und ... schau dir deine Armmuskeln an! Und die breiten Schultern.«

»Aber du bist leichter. Und schöner.«

Ich grinse. »Du bist stärker.«

»Aber du bist geschickter. Und schlauer.«

»Nein, das glaube ich nicht.«

»Doch. Weil du so lange diskutierst, bis wir fast da sind und dann schwimmst du ganz überraschend vor.«

»Könnte ein Plan sein.«

Er grinst zurück. »Okay, wie viel Abstand?«

»Zwei Körperlängen.«

Er wartet, bis ich vor bin, zählt dann den Countdown. Bei drei kraule ich los, gebe alles, zum Glück ist es nicht mehr weit bis zum Ufer.

Wir kommen zugleich an, obwohl ich mir nicht sicher bin, ob er mich hätte überholen können. Vermutlich. Ein Gentleman.

Wir steigen ans Ufer. Eine große kurz gemähte und von der Sonne versengte Wiese liegt vor uns. Wir setzen uns, sehen zurück auf den See, auf die andere Seite.

Alles das, was jetzt ziemlich weit weg ist. Langsam beruhigt sich mein Atem, aber die Aufregung bleibt.

Er sitzt neben mir.

»Es kommt mir so vor, als ob wir uns schon lange kennen«, sage ich und sehe weiter auf den See.

»Es kommt mir vor, als ob ich so jemanden wie dich noch nie getroffen habe«, sagt er.

Ich drehe den Kopf zu ihm. »Du willst wohl immer das letzte Wort haben.«

»Nein«, sagt er, kommt näher und küsst mich.

Jede Berührung eine neue Erregung. Ich sinke nach hinten, er beugt sich über mich, sein Mund auf meinem Mund, seine Zunge streicht sanft über meine Lippen. Ich dachte, er wäre unerfahren, aber er küsst gut, sehr gut sogar. Ich öffne den Mund, seine Zunge spielt mit meiner. Dann zieht er sich etwas zurück, sieht mich an.

»Ist Timo dein Freund?«

Ich lächle. »Nein. Immer noch nicht.«

»Und ...?«

»Max? Der ist in Molly verliebt und versucht sie eifersüchtig zu machen. Was nicht klappt.«

Ein irritierter Blick. »Wieso nicht?«

»Weil Molly in Timo verliebt ist.«

Er rollt sich zurück auf den Rücken, legt einen Arm über seine Augen. Ich beuge mich über ihn.

»Was ist?«

Er schiebt den Arm etwas nach oben, sodass er mich sehen kann. »Aber Timo? Der will etwas von dir, oder?«

Ich sage nichts. Die Wahrheit zu Timo ist: Wir haben es probiert. Irgendwann mal, und es hat nicht geklappt.

»Nein. Glaub' ich nicht.«

Er grinst, richtet sich auf die Unterarme auf. »Hundertpro. Wie der dich bewacht.«

»Er passt auf mich auf. Und ich passe auf ihn auf. Das machen Freunde so.«

Ich stehe auf, strecke mich, gehe zum Ufer, sehe auf die andere Seite. Dort drüben ist eine andere Welt. Ganz klein und gerade sehr unbedeutend. Hier zählt nur Ludwig. Die andere Seite.

Ich drehe mich zu ihm um, gehe zurück.

»Und was ist mit dir? Hast du eine Freundin?«

Er schüttelt langsam den Kopf, ohne mich aus den Augen zu lassen. Keine Freundin? Das scheint mir fast unmöglich. Typen wie er haben doch immer eine Freundin, oder? Ich setze mich neben ihn, ziehe die Knie an und lege den Kopf darauf ab.

»Dieses Mädchen im *Gretchen* ...?«

Eigentlich weiß ich, dass sie keine Bedeutung hat. Jetzt nicht mehr.

»Thea.«

»Und?«

»Da war mal was. Mehr nicht.«

»Und dieser Kasper? Ist das dein Freund?«

»Nein. Der Freund eines Freundes.«

»Auch ein Jäger …«

Ludwig nickt. Ich mag, dass er dazu steht. Nicht so tut, als wäre es nicht wichtig. Es ist wichtig, aber nicht zwischen uns, nicht in diesem Moment.

»Ich weiß echt wenig über dich.«

»Frag mich.«

Er stützt sich auf die Seite, schaut mich erwartungsvoll an.

»Okay, gehst du noch zur Schule?«

»Gerade das Abi gemacht.«

»Welches Leistungsfach? Mathe? Chemie? Physik?«

»Philosophie.«

»Philosophie?«

Das hätte ich nicht gedacht. Ich schließe die Augen. Lege mich zurück auf den Rücken. Philosophie ist gut. Ich spüre eine Berührung, wie er sanft mit einem Finger meinen Bauchnabel umkreist.

»Mich interessiert, warum wir hier sind. Auf der Erde«, sagt er ruhig, als gehörte das Streicheln dazu. Frecher, mutiger und gleichzeitig sanfter als alle Jungs, mit denen ich vorher zusammen war.

»Warum die Erde um die Sonne kreist?«, frage ich und hoffe, dass er nicht aufhört, mich zu berühren.

»Warum die Sonne überhaupt da ist.«

»Oder die Erde.«

»Oder wir.«

Ludwig zieht seine Hand zurück, legt sich auch auf den Rücken. Einen Moment schweigen wir.

»Die Erde braucht uns nicht«, sagt er schließlich. »Wir können sie nicht zerstören. Sie wird noch da sein, wenn wir schon längst wieder weg sind.«

– Ludwig –

Ich könnte ewig so mit Marie in der Sonne liegen, sie küssen, sie berühren, reden, sie wieder küssen. Die Sonne sinkt langsam tiefer und mein Gefühl sagt mir, dass der Rest der Gruppe dort drüben auf uns wartet. Ich will es mir deswegen nicht gleich mit allen verderben.

»Hey, wollen wir wieder zurückschwimmen?«, frage ich leise.

Ich berühre Marie, die eingerollt neben mir liegt und kurz eingeschlafen ist. Sie bewegt sich nicht.

Oder ich lasse sie schlafen?

Ich mag, dass sie sich so sicher bei mir fühlt, sich mir anvertraut. Ich beschütze sie. Ab jetzt ist das mein Job, nicht mehr Timos.

Sie blinzelt. »Ich bin eingeschlafen.«

»Nur kurz.«

Als wir auf der anderen Seite aus dem Wasser steigen, habe ich komplett das Zeitgefühl verloren. Ich muss zurück zum Sonnenstand sehen, damit ich es ungefähr einschätzen kann. Wir waren etwa zwei Stunden weg.

»Hey, wir dachten, ihr seid ertrunken«, sagt Max.

Er sitzt bei Molly, jetzt sehe ich es: Er will was von ihr. Timo liegt auf dem Rücken neben der Picknickdecke im Gras, die Augen geschlossen. Die meisten sind schon wieder gegangen oder im Wasser, das Essen ist weggeräumt. Es sieht aus, als wollen die Letzten gerade gehen.

Molly reicht Marie ihr Handtuch, ich habe eins im Rucksack. Wir trocknen uns ab und setzen uns in den Badesachen zu den anderen.

»Du hast meinen grandiosen Vortrag verpasst«, sagt Molly zu mir und legt den Kopf schief. »Oder bist du schon vegan?«

Timo öffnet die Augen und richtet sich leicht auf. Alle sehen mich an.

»Nein.«

»Bist du Vegetarier?«, fragt Molly.

»Nein.«

»Isst du Fleisch?«

»Ja.«

Warum soll ich lügen? Ich habe immer gerne Fleisch gegessen, und wenn ich in letzter Zeit weniger Fleisch gegessen habe, dann heißt es noch nicht, dass ich Vegetarier werde.

»Ho, ho, dann pass mal auf«, sagt Max. »Fleischesser werden hier geteert und gefedert.«

Vielleicht war es nur ein Spruch, trotzdem sind auf einmal alle sehr ruhig.

Ich sehe zu Max. »Ja? Mit welchen Federn denn?«

Er sieht mich verdutzt an. Marie grinst still in sich hinein. Timo hasst mich jetzt vermutlich richtig.

»Ist dir egal, was mit den Tieren passiert?«, fragt Molly. Es klingt nicht vorwurfsvoll, eher verblüfft.

»Ich esse kein Fleisch aus Massentierhaltung«, sage ich und weiß, dass die Bemerkung ein Fehler war, als Timo sich aufrichtet.

»Du isst also nur, was du jagst?«, sagt er mit diesem aggressiven Unterton, den er mir gegenüber ständig draufhat.

»Wieso jagen?«, sagt Molly.

»Na, er ist Jäger.« Timo sieht zu Marie, damit sie ihm zustimmt. Sie zuckt mit den Schultern.

»Wieso Jäger?«, fragt Max, der nicht besonders schnell im Kopf zu sein scheint.

Ich überlege, ob ich etwas dazu sagen soll. Etwas, was die Situation entspannt wie: *Ich bin kein Jäger, ich habe nur einen Jagdschein.*

Oder: *Ich habe bisher nur einen Rehbock erschossen.* Oder: *Ich esse nur Wildfleisch.*

Nichts davon ist eine gute Idee.

Timo richtet sich auf, nackter Oberkörper, Schwimmshorts. Eine Haltung, als ob er mit mir in den Ring steigen will.

»Die Biomasse aller ausgebeuteten Tiere übertrifft zurzeit bei Weitem die der Menschen. Selbst wenn man die wild lebenden Tiere dazurechnet. Keine Bewegungsfreiheit, Langeweile, Krankheiten, Todesangst. Alles nur, weil wir dieses Scheißfleisch auf dem Teller haben wollen.«

Das kann ich nicht so stehen lassen.

»Die meisten Jäger jagen nicht wegen des Fleisches. Darum geht es nicht. Auch nicht ums Töten. Die Jäger sorgen im Wald für das Gleichgewicht.«

Timo grinst schräg. »Du denkst echt, Tiere abschießen ist die Lösung?«

Verdammt, so wollte ich das nicht sagen.

»Ich denke ... wir sollten die Tiere respektieren. Alle Tiere. Ich bin gegen Massentierhaltung und Tierversuche, genau wie du.«

Timo lacht. Es klingt höhnisch. »Klar! Aber bist du auch bereit, dafür dein Leben zu verändern?«

Sogar sehr. Aber das werde ich Timo jetzt nicht sagen. Ihm zustimmen, als müsste er mir erklären, wie die Welt funktioniert.

»Bist *du* denn bereit *dein* Leben zu ändern?«, sage ich zu Timo. Es ist nur eine Vermutung. »Hast du einen Führerschein? Fährst du Auto?«

Timo sagt nichts. *Volltreffer*.

»Ja, also ...«, murmelt Max.

Marie steht auf, zieht sich ihr Bikinitop aus und ein T-Shirt an. Einfach so, ohne sich groß umzudrehen.

»Ich muss jetzt los«, sagt sie.

Es klingt entspannt, selbstverständlich. Der beste Moment, weil sie Timo eine Antwort erspart und mir einen Streit, den ich nicht gewinnen kann. Nicht gegen vier Veganer. Sie steigt in ihre Jeansshorts und stopft ihr Handtuch in einen Jutebeutel mit Greenpeace Aufdruck.

Molly steht auch auf und legt mit Max die Picknickdecke zusammen.

»Kommst du?«, fragt Marie.

Ich brauche einen Moment, bis ich kapiere, dass sie mich meint. Nicht Timo. Ich sehe zu ihm, er weicht meinem Blick aus.

»Ja, klar«, sage ich, ziehe mir mein Sea-Shepherd-Shirt an und meine Shorts, obwohl meine Badeshorts noch nass sind. Unter Timos Blicken mache ich mich nicht frei.

»Hey, Freitag spielt *Kampfer* im *Soundgarten*. Geht ihr da auch hin?«, fragt Max in die Runde.

»Klar«, sagt Marie.

Sie sieht zu mir. Gehöre ich dazu? Wohl eher nicht.

»Ich bin auf einer Gruppenfahrt«, sage ich.

Gruppenfahrt klingt, als wäre ich dreizehn. Die Pfadfinder. Aber jetzt kann ich es nicht mehr zurücknehmen.

Wir gehen zu den Fahrrädern. Die Sonne steht tief. Ich sehe zurück zum anderen Ufer, erinnere mich an den Nachmittag. Den guten Teil des Nachmittags.

Marie muss auf Timo warten, weil er ihr Rad mit angeschlossen hat. Sie kommt zu mir.

»Was machst du morgen?«

»Dich vermissen?«

Sie lächelt. »Ich mag die Idee, aber ... wir können uns auch treffen.«

»Okay.«

Sie überlegt kurz. »Ich will wissen, wo du wohnst. Und wie.«

»Dann besuch mich«, sage ich.

Ich blicke zu Timo, der sich gerade anzieht. »Jetzt fahre ich wohl besser. Ich schick' dir die genaue Adresse.« Und sage laut in Richtung Molly und Max:

»Tschüss. Und danke für die Informationen.«

7

Ludwig, Ludwig, Ludwig

– Marie –

»Freust du dich auf Oma?«

Ich schrecke hoch und sehe über den Frühstückstisch. Sonntag, wir sitzen alle zusammen draußen auf der Terrasse, ich habe keine Ahnung, worüber gerade gesprochen wurde.

»Was?«

Alles, an was ich denken kann, ist er: *Ludwig, Ludwig, Ludwig*. Alles in mir ist ausgefüllt mit dieser Sehnsucht. Am liebsten wäre ich, sofort nach dem Aufstehen, zu ihm hingefahren.

Paul sieht mich fragend an. Oder Peter? Manchmal kann ich meine Brüder nicht auseinanderhalten, was mich ziemlich erschreckt. Normalerweise kann ich sie an ihrer Art und ihrem Charakter unterscheiden. Peter ist schüchterner und zurückhaltender. Paul ist frecher. Aber gerade verändern sie sich. Hat sich etwa der schüchterne Peter die Haare so hochgegelt?

»Oma kommt. Freust du dich?«

»Ja, sicher«, sage ich und erinnere mich. Heute kommt Elli, die Mutter meiner Mutter für eine Woche zu Besuch.

»Tolle Frisur übrigens.«

Mein Bruder wird rot. Es ist Peter, jetzt ist es klar. Und Paul lacht albern und schadenfroh mit seinem typischen Grinsen.

»Das macht er nur, weil ich jetzt größer bin«, ruft er.

»Echt?«

Paul springt auf, Peter folgt ihm zögernd. Sie stehen, die Rücken aneinandergepresst.

»Ich denke mal, ihr seid gleich groß«, sagt meine Mutter.

Paul drückt Peters Haare nach unten, Peter brüllt los, sie jagen sich durch den Garten. Eindeutig noch Kinder.

»Kommst du mit zum Flughafen?«, fragt meine Mutter.

»Nein. Ich bin verabredet.«

»Mit Timo?«

»Nein.«

Sie lächelt. »Etwa dem Jäger?«

»Er heißt Ludwig.« Bis gestern habe ich ihn auch noch Jäger genannt, wenn ich an ihn gedacht habe. Aber jetzt ist es anders. Ich trinke meinen Saft aus und lege mein Besteck auf dem Teller zusammen. Ich will jetzt nicht über Ludwig reden, ich habe mir gestern genug Kritik von Timo und Molly angehört.

»Du holst sie also nicht mit ab?«

Normalerweise hätte ich das gemacht.

»Wieso fliegt Oma?«, sage ich, um das Thema zu wechseln. »Sie kommt doch nur aus München.«

Bei Greenpeace heißt es: *Wir entscheiden selbst, wie klimafreundlich wir leben.* Ob wir Obst und Gemüse kaufen, das erst hierhertransportiert werden muss, ob wir uns von Fleisch oder Getreide ernähren, ob wir Atomstrom benutzen oder Ökostrom, ob wir Bahn fahren oder fliegen.

Ich sehe zu meiner Mutter. »Hast du ihr nicht gesagt, sie soll besser Bahn fahren?«

»Fliegen ist lustiger«, sagt Paul und schleudert zurück auf seinen Platz.

»Ich wollte ihr das Ticket besorgen, aber sie wollte es nicht, und Fliegen war offensichtlich viel billiger.«

»So ändert sich nie was.«

Manchmal deprimiert mich das. Wenn selbst meine Oma ihr Verhalten nicht ändert.

»Marie«, sagt mein Vater. »Natürlich ändert sich was. Jede Generation macht ihre eigenen Schritte. Und sie fliegt ja höchstens einmal im Jahr.«

»Na ja«, sagt meine Mutter. »Letztens nach Mallorca und im Herbst nach Teneriffa ...«

Ich ziehe mein Handy unter dem Tisch aus meiner Tasche. Ich habe noch Zeit, aber eigentlich will ich sofort los.

»Aber bis sie so viel fliegt wie du ...«, sagt meine Mutter und sieht zu meinem Vater, »hat sie noch sehr viele Flüge frei.«

»Ich fliege beruflich. Das ist etwas anderes.«

»Wieso? Die könnten dir auch eine Bahncard bezahlen.«

Der alte Streit. Mein Vater ist ständig unterwegs. Recherche, Interviews, Vorträge, Tagungen. Journalist eben. Ich frage mich allerdings, ob es nur um das Verkehrsmittel geht oder vielleicht eher darum, dass er nie da ist. Und meine Mutter nur selten unterstützen kann. Meine Oma kommt auch, um zu helfen, da meine Mutter einen Auftrag für ein Fernsehfeature über die Jagd in Deutschland bekommen hat und in der nächsten Woche für Interviews herumreisen muss.

»Ich kann die Woche hierbleiben und mich um die Zwillinge kümmern«, sagt mein Vater. »Es gibt das Internet, ich kann mir die Informationen auch zusammensuchen.«

Meine Mutter winkt ab. »Du hast doch schon Termine gemacht. Außerdem – du und meine Mutter ...«

»Wen interviewst du zuerst?«, frage ich, weil ich diese Streitgespräche zwischen meinen Eltern hasse.

»Einen Biologen in Heilbronn.«

»Wieso einen Biologen?«

»Er hat die *Initiative zur Abschaffung der Jagd* gegründet. Das ist vermutlich die extremste Position. Er hat mir ein Zitat aus dem Tagebuch von Theodor Heuss gemailt.«

Meine Mutter angelt nach ihrem Handy, scrollt durch die Mails. Ich muss grinsen. Auf einmal ist es also erlaubt, beim Sonntagsfrühstück das Handy zu checken.

»Und wer ist Theodor Heuss?«, frage ich. »Ein Schriftsteller?«

»Der erste Bundespräsident der damaligen BRD«, sagt mein Vater. Er breitet die Arme aus und grinst. »Politische Bildung sogar am Sonntag. Frei und kostenlos.«

»Hier ist es.« Meine Mutter liest: »*Jägerei ist eine Nebenform von menschlicher Geisteskrankheit.* Theodor Heuss, Tagebuchbriefe.«

»Geisteskrankheit? Das finde ich ziemlich übertrieben.«

»Ach ja? Weil du einen Jäger magst?«, sagt meine Mutter, mit einem amüsierten Unterton.

»Weil solche Bemerkungen nur polarisieren und radikalisieren«, sage ich. »Habe ich von meinem Vater gelernt.«

Mein Vater grinst. »Siehst du, Gesa. Sie hat auch etwas von *mir* gelernt.«

Was in der sehr komplizierten Beziehungssprache meiner Eltern bedeutet, dass er somit also auch genügend oft da gewesen sein muss, um mich zu beeinflussen. Tatsächlich bin ich mir aber nicht sicher, ob seine politischen Artikel und Essays mich nicht mehr beeinflusst haben als sein Hiersein.

Ich nehme meinen Teller und stelle das Glas darauf, um alles in die Küche zu tragen.

»Ich muss los. Grüßt Oma von mir.«

»Bist du heute Nachmittag da, wenn wir abfahren?«

»Fahrt ihr schon heute?«

»Ja, wir fahren die erste Strecke zusammen Auto und trennen uns dann in Hannover.«

»Okay, ich bin da.«

Im Haus kommt mir Peter entgegen. Ich sehe, dass er geweint hat. Seine Augen sind rot, seine Haare wieder glatt gekämmt. Ich bleibe stehen, das Geschirr in der Hand, sonst würde ich ihn umarmen.

»Hey, was ist los? Hat Paul dich geärgert?«

Er schüttelt den Kopf, aber ich weiß, dass es so war.

»Mir hat es gefallen mit den Haaren.«

Er lächelt etwas. »Gehst du schon?«

»Ja, ich treffe mich noch mit jemandem.«

»Timo?

»Nein.«

»Mit einem anderen Jungen.«

Es ist keine Frage, sondern eine Feststellung. Und als ich nicht antworte: »Magst du ihn?«

Auf einmal weiß ich, was mit Peter los ist. Verliebt. Ein Mädchen, für das er sich verändert, sogar die Haare hochgelt.

»Ja, ich mag ihn«, sage ich und zwinkere ihm zu.

Oben in meinem Zimmer überlege ich, was ich anziehen soll. Normalerweise ist das kein Problem, bei der Hitze ist es eine Jeansshorts und ein Tank-Top oder ein Rock. Sachen, die ich meist secondhand kaufe, T-Shirts von Firmen, die eine gute Sache unterstützen. Lässige unkomplizierte Klamotten. Doch wenn ich heute zu Ludwig fahre und seine Eltern treffe, dann will ich nicht sofort als Hippie oder verrückte Umweltaktivistin abgestempelt werden. Immerhin wollten sie meine Mutter verklagen. *Kleider machen Leute*, sagt meine Oma, und sehr oft stimmt das. Aber mich verbiegen? Kommt nicht infrage.

Ich entscheide mich schließlich für die Jeansshorts, ein Top von Sea Shepherd, über das ich eine weiße Leinenbluse ziehe, dazu meine *Converse*. Als ich mich im Spiegel betrachte, bin ich zufrieden. Ich sehe frisch aus, aber nicht spießig.

Ich packe meinen Rucksack mit Schwimmzeug und einem Handtuch, falls wir noch mal an den See gehen. Handy, Kopfhörer, Wasserflasche, mehr brauche ich nicht.

Als ich mein Fahrrad aufschließe, klingelt mein Handy. Molly.

»Wir wollten uns doch mal treffen?«, sagt sie.

»Ja, gerne. Aber heute kann ich nicht.«

»Nein, schon okay, ich dachte ... hast du Lust, dass wir uns am Freitag im *Soundgarten* etwas früher treffen? Dann können wir reden, bevor die Gruppe auftritt. So sechs Uhr?«

Ich nehme an, sie will über Timo reden.

»Ja, okay.«

»Oh, klasse. Die anderen Jaggies kommen dann später.«

»Ja, schön«, sage ich, obwohl ich nicht sicher bin, ob ich Lust auf die ganze Gruppe habe oder es nur Timo ist, der mich aufregt.

Nachdem Ludwig gestern gefahren ist, sind wir noch zusammen essen gegangen, aber Timo war die ganze Zeit schlecht gelaunt. Deshalb habe ich ihm nicht erzählt, dass ich mich mit Ludwig treffe, denn wenn er schmollen will – *bitte schön!*

– Ludwig –

Ich sehe mich in unserem Wohnraum um. Es war ein Fehler, Marie zu mir einzuladen. Alles hier schreit: totes Tier. Die Ledersofas, die Stiche von Jagdszenen an der Wand, das Kuhfell vor dem Kamin, die Felle auf den Esszimmerstühlen, sogar der verdammte Brieföffner auf dem Schreibtisch meines Vaters mit dem Horngriff. Wenn ich ein Tier wäre, würde ich wegrennen. Und wenn ich ein Tierschützer wäre – auch.

Ich überlege, was ich wegtun, wegräumen oder verstecken kann, aber es sind nicht die kleinen Dinge. Es ist das ganze große Konzept dieser Einrichtung. Ich gehe zurück in mein Zimmer, schubse das Schafsfell auf dem Boden unter mein Bett. Geht doch.

Vielleicht führe ich sie einfach von außen in mein Zimmer. Erst mal lüften, das Fenster weit auf. Ich drehe mich im Raum. Der Schreibtisch ist in Ordnung. Oder? Ist Holz okay? Dieses Holz? Verdammt, ich mach mich noch verrückt. Auf meinem Schreibtisch liegt das Jagdmesser meines Opas. Ich gehe hin, öffne es, streiche über die Klinge. Wenn ich alles verstecke, was mein Leben ausmacht, wieso lade ich sie dann überhaupt zu mir ein?

Ich bin nervös und kribbelig, ich muss mich beruhigen. Also werfe mich auf mein Bett, schlage mein Buch auf. Knausgård und seine Schulzeit. Ich überblättere das alles, weil ich keine Lust habe, über eine noch viel schlechtere Schulzeit als meine eigene zu lesen. Ich bin einfach nur froh, dass das vorbei ist. Diese ewige Frage, ob man seine Hausaufgaben gemacht hat. Erst in der Schule, dann am Nachmittag von meiner Mutter, dann von meinem Vater am nächsten Morgen. Als ob es nichts Wichtigeres gäbe. Keiner hat mal gefragt: Hängt dir die Schule zum Hals raus? Fragst du dich, warum du überhaupt Chemie lernen musst? Kannst du dir die Französisch-Vokabeln auch nicht merken?

Und jetzt: *Was willst du studieren? Wann willst du damit anfangen?* Und niemand sagt: *Oh, mein Gott, nach acht Jahren Schule muss man einfach mal eine Pause machen.* Aber so ist das. Ich würde am liebsten sagen: *Leute, nach acht Jahren auf einem Stuhl mit Blick auf die Tafel oder ein Smartboard brauche ich Bewegung. Und Freiheit. Und einfach mal niemanden, der mir sagt, was ich zu tun und zu lassen habe.*

Marie versteht das. Sie hat das. Sie lebt das. Obwohl sie noch zur Schule geht. Wie macht sie das? Vielleicht schwänzt sie ständig, etwas, was ich mich nie getraut habe. Weil ich es meinen Eltern nicht antun wollte. So hat es eine Lehrerin formuliert, nachdem das mit meinem Bruder passiert ist und ich nicht mehr am Unterricht teilgenommen habe: *Du kannst dich doch jetzt nicht so hängen lassen. Das kannst du deinen Eltern nicht antun.* Also habe ich funktioniert. Halbwegs.

Es klopft an mein Zimmer. Meine Mutter, ich kenne die Art, wie sie anklopft. Leise, fragend, höflich. Beim ersten Mal. Und wenn ich dann nicht sofort antworte, dreimal hektisch hintereinander, als würde das Haus brennen. Oder ich.

Daher antworte ich besser gleich.

»Ja!«

Sie schiebt den Kopf durch die Tür.

»Da ist ein Mädchen für dich. Marie.«

Ich sehe auf mein Handy. Schon so spät? Nein, sie ist früher gekommen.

Hoffentlich hat meine Mutter sie noch nicht hereingelassen. Ich springe von meinem Bett auf, renne zur Tür. Wenn sie draußen steht, kann ich ihr erst den Hof zeigen.

»Hi!«

Sie steht mitten in dem offenen Wohnraum und sieht sich um. *Worst-Case-Szenario.*

»Hi.«

Marie ist verändert. Ich brauche einen Moment, bis ich verstehe, warum. Es liegt an der Kleidung, der weißen Bluse. Und der Frisur. Die Haare zusammengebunden zu einem Knoten. Beides steht ihr großartig. Sie stellt ihren Rucksack ab und wischt sich eine verschwitzte Haarsträhne aus dem Gesicht. Ich gehe auf sie zu, unsicher, ob wir uns umarmen sollen oder – besser nicht. Sie sieht sich um.

»Ich habe es mir anders vorgestellt«, sagt sie.

Da unser Hof ziemlich genau in dem Stil eingerichtet ist, in dem sich auch alle anderen Freunde meiner Eltern einrichten, überrascht mich die Aussage.

»Wie denn?«

»Na – keine Geweihe an der Wand?«

Sie flüstert, vermutlich weil sie nicht sicher ist, ob meine Mutter uns zuhört.

»Nein, keine Geweihe an der Wand. Meine Mutter hasst das. Sie ist so aufgewachsen.«

Sie lächelt. »Ich glaube, ich mag deine Mutter.«

Kein Wort zu den Ledercouchen oder den Fellen.

»Interessiert dich der Hof?«

»Na klar. Alles!«

»Ich zeige dir als Erstes den Pferdestall«, sage ich, als wir über den Platz gehen.

Die Sonne knallt auf das Natursteinpflaster, ich erinnere mich noch, wie hier nur Sand und zerbrochene Betonplatten waren. Wir sind vor allem wegen der Pferdezucht meiner Mutter aufs Land gezogen.

»Sie braucht jetzt etwas«, hat mir mein Vater damals erklärt. Dass sie mir dabei etwas weggenommen haben, haben meine Eltern vermutlich gar nicht bemerkt. Doch hier habe ich auch eine Menge Dinge entdeckt, die mir vorher nicht wichtig waren. Zum Beispiel den Wald, der ganz in der Nähe ist. Die Stille, die Tiere, die Pflanzen, die Bäume. Das Leben im Wald. Die Gerüche, nach Baumharz und Holz und Kiefernnadeln. Die Einsamkeit im Wald und die Gemeinschaft, in die man sofort aufgenommen wird. Niemand, der einen vertreibt. Man darf dort sein, egal, wer man ist oder wie es einem geht.

Wir sind am Pferdestall angekommen, und ich bin leicht nervös. Entweder Marie hasst die Tatsache, dass Pferde in Ställen stehen und nicht frei durch die Gegend galoppieren, oder sie versteht, dass dieser Stall das Beste ist, was sich ein Reitpferd wünschen kann. Hell, gut durchlüftet, großzügig, sauber. Ein Laufstallsystem mit Gruppenhaltung, das modernste, was es gerade gibt.

»Der Hof war ganz runtergekommen. Meine Eltern haben ihn komplett saniert«, erkläre ich und öffne die Stalltür. »Meine Mutter züchtet mit drei Stuten und einem Hengst. Wir haben zusätzlich fünf Pferde in Pflege. Bis auf Paris, der verletzt ist, sind sie aber gerade alle auf der Weide.«

Wir gehen zu dem Hengst, der mich mit einer Kopfbewegung begrüßt. Ich streichle ihm den Kopf, ich weiß, er mag das. Marie hält einen kleinen Sicherheitsabstand. Auf dem Boden steht ein Eimer mit kleinen Belohnungsäpfeln, ich nehme einen heraus und halte ihn ihr hin.

»Willst du ihm einen Apfel geben?«

Marie sieht mich unsicher an. »Eher nicht.«

Ich muss grinsen. »Echt jetzt? Du willst Wale retten, aber vor diesem netten Pferd hast du Angst?«

»Na ja, es ist ganz schön groß.«

Ich gehe zu ihr, nehme ihre Hand, lege den Apfel hinein.

»Paris ist ein ganz Lieber. Noch dazu unserer wichtigster Deckhengst.«

Sie streckt mir die Zunge raus, zeigt ihr Piercing, was mich an unseren ersten Kuss erinnert.

»Na los!«

Den Apfel auf der flach ausgestreckten Hand nähert sie sich Paris. Er schlabbert ihn mit seiner weichen Oberlippe, während Maries ganzer Körper angespannt ist.

Ich grinse. »Das war doch gar nicht so schwer.«

»Hast du die Zähne gesehen!«

Ich gehe zu ihr, lege ihr von hinten die Hände auf die Hüften und meinen Kopf auf ihre Schulter, flüstere nah an ihrem Ohr. »Und die großen Augen. Und erst die riesigen Ohren.«

»Ha, ha …«

Sie dreht sich zu mir und küsst mich, alles in einer Bewegung. Wie immer bin ich überrascht von ihrer Leidenschaft, die so schnell aufflammt und mich mitreißt. Sofort. Meine Zunge findet ihre, ich spüre die kleine Piercingkugel auf ihrer Zunge, sauge an ihren Lippen, küsse ihren Hals.

»*Yikes*!«

Sie springt auf meinen Arm, einen Moment halte ich es für einen heftige Liebesbekundung, dann sehe ich über ihre Schulter, wie Paris ihren wilden Haarknoten auseinanderzupft.

»Hey, ganz ruhig, er hält deine Haare für Futter.«

Ich klaube Paris die Haare aus dem Maul, während Marie sich an mich klammert, kichert, ihre Beine um meine Hüften geschlungen.

»He, Paris, das ist kein Heu!« Ich stupse ihn mit einer Hand sanft zurück in seine Box, mit der anderen halte ich Marie.

»Mein Retter«, sagt sie übertrieben leidenschaftlich.

Paris scharrt hinter uns mit den Hufen.

Nein, mein Freund, das ist meine Freundin.

Ich setze Marie sanft ab, sie duftet nach sonnengebräunter Haut, kein Parfüm, noch nicht mal ein Shampoo. Marie ist – Natur.

»Ich will dir noch etwas zeigen«, sage ich. Auf einmal ist mir das wichtig.

Sie lässt mich los, ihr Blick ist leicht verhangen, der Übergang von Spiel zu Lust zu dem, wovon ich die ganze Nacht geträumt habe. Sie zu lieben, wir zusammen.

»Das ist die Sattelkammer.«

Die Sonne fällt durch das Fenster, durchflutet den Raum mit Licht, es duftet nach Heu und Tier und Schweiß. Ich mag die Mischung, ich mag die Stille, ich mag, dass ich hier spüre, wie sehr wir die Pferde brauchen und sie uns, dass alles zusammengehört, zusammengewachsen ist.

»Oh, wow!«, sagt Marie und dreht sich in der Lichtsäule, die hier an sonnigen Vormittagen durch das Fenster fällt.

Ich möchte Marie von meinem Bruder Conrad erzählen, wie dieser Raum für mich Dunkelheit in Licht verwandeln kann, aber ich will die Stimmung nicht zerstören. Vielleicht ist es zu früh, wir kennen uns kaum, obwohl es sich anders anfühlt.

Marie berührt die Sattel, einige sind sehr alt und werden nicht mehr benutzt, aber trotzdem hier aufbewahrt.

»Bist du oft hier?«, fragt sie.

»Manchmal lese ich hier. Ich mag es, mit den Pferden in der Nähe.«

»Hier ist es schön.«

Sie setzt sich auf die Strohballen in der Ecke, die ich mir aufgebaut habe, ich folge ihr und setze mich neben sie. Sie dreht sich zu mir, küsst mich, ihre Hände wandern unter mein Shirt.

»Ich würde jetzt gerne dein Zimmer sehen«, sagt sie so selbstverständlich zwischen zwei Küssen, als wäre es der nächste Sightseeing-Punkt.

In ihren Haaren hängt Stroh, ich zupfe es heraus, küsse sie, während sie den Kopf in den Nacken legt, die Augen geschlossen hat. Wie damals, als Molly sie massiert hat, genießt sie die Berührung. *Nehmt euch ein Zimmer!*

Für Marie ist das alles kein Problem. Ich stelle mir vor, dass wir in mein Zimmer gehen, uns lieben. Ganz offen, im Tageslicht, genauso, wie sie einfach den Bikini ausgezogen hat. Ohne Scham, ohne Verlegenheit. Ich stelle mir vor, wie es ist, sie zu lieben. Kein Verstecken, keine Angst vor Verurteilung, einfach nur dasein. *Wie macht sie das?*

»Okay.«

Wir gehen zurück über den Hof, der heiß und staubig ist und von außen auf das Gebäude zu, aber das Fenster ist geschlossen. *Meine Mutter.*

»Wir müssen durchs Haus«, sage ich.

Sie lacht, zuckt mit den Schultern.

»Na klar, gehen wir durchs Haus.«

– Marie –

Ich sehe zu Ludwig, der neben mir geht. Er kann so ernst sein, aber auch schlagfertig und verrückt. *Ich bin verliebt.* Verliebt in einen Jungen, der auf die Jagd geht, der zwischen Ledersätteln sitzt und liest, der Fleisch isst.

Im Pferdestall musste ich an ein Mädchen bei Greenpeace denken, das reitet. Sie hat lange gesucht, bis sie einen Sattel aus Filz gefunden hat, der ihr passt und gefällt. Und auch Zaumzeug aus einem Plastikmaterial hat sie gefunden. Doch manchmal denke ich, das ist alles nur ein Versuch, nicht an etwas schuld sein zu wollen, für das wir schon lange die Verantwortung tragen. Wir alle. Daran ändert auch ein Filzsattel nichts. Wir reiten auf Pferden. Wir benutzen sie. Wir beuten die Tiere aus, aber wir füttern sie auch. Es gibt Höhlenzeichnungen mit Pferden. Und wenn Ludwigs Mutter keine Pferde züchten würde, wenn wir sie nicht reiten und versorgen würden, dann gäbe es vermutlich schon lange keine Pferde mehr. Mir ist das klar. Alles ist nicht so einfach, obwohl ich es manchmal gerne einfacher hätte.

Ludwig hält mir die Tür zum Haus auf, zum zweiten Mal betrete ich den großen Raum. Nichts ist mir vertraut, weder die Art, wie es hier eingerichtet ist, noch die Art zu leben. Mit einem langen Esstisch, an den zehn Leute passen, mit einer großen Sitzecke und einem Kamin, mit Raum für viele Menschen, obwohl hier nur Ludwig und seine Eltern leben. Haben sie oft Gesellschaften? Treffen sich die Jäger hier? Die Pferdezüchter?

An einer Wand steht ein Waffenschrank, den ich erst jetzt entdecke. Ich gehe auf ihn zu, Ludwig folgt mir leicht widerwillig.

»Jagt ihr mit denen?«, frage ich.

»Nicht mit allen«, sagt er.

Er sieht mich an. Ich weiß, ihm gefällt nicht, dass ich hier stehe und mir alles so genau ansehe. Als ob ich ihn dafür kritisieren würde. Das stimmt nicht. Ich will es nur verstehen.

Ich zeige auf ein langes Gewehr. »Wofür ist das?«

»Die Flinte?«

»Ja?«

»Zum Töten von Tieren.«

Okay, er fühlt sich angegriffen. *Zum Töten von Tieren.* Nicht: *Für die Jagd oder zum Ansehen.* Natürlich. Er sagt es ernst und offen, auch weil er weiß, dass ich es noch einmal aus seinem Mund hören wollte.

»Hast du auch eine Waffe?«

Er zeigt auf ein Gewehr. »Die hat mir mein Opa vor ein paar Tagen geschenkt. Weil ich den Jagdschein gemacht habe.«

»Ludwig?«

Wir drehen uns um, seine Mutter steht im Raum. Sie trägt eine Reithose und ein Poloshirt und kommt anscheinend gerade von einem Ausritt.

»Bist du zum Mittagessen da?«

Ludwig sieht fragend zu mir. Sie tritt auf mich zu, lächelt. »Marie, Sie sind natürlich auch ganz herzlich eingeladen mitzuessen.«

Sie hat sich meinen Namen gemerkt. Sie siezt mich.

»Danke. Das nehme ich gerne an.«

»Marie ist Veganerin«, sagt Ludwig und schaut mit hochgezogenen Augenbrauen zu mir, als wüsste ich nicht, auf was ich mich einlasse. Doch, ich weiß es. Ich will seine Eltern besser kennenlernen. Sein Leben. Alles.

Seine Mutter lächelt. »Das ist gar kein Problem, dann mache ich Ihnen einfach ein Spiegelei.«

»Veganerin. Sie isst nichts vom Tier«, sagt Ludwig leicht gereizt.

Nun, ich bin das gewohnt. Die meisten wissen nicht, wie sie vegan kochen können. Dass Butter und Käse ebenso wenig vegan sind wie Quark und Joghurt. Dass in fast jedem industriell hergestellten Lebensmittel Molkereiprodukte enthalten sind.

»Ach so«, sagt seine Mutter. »Dann nur Gemüse und Kartoffeln? Geht das?«

»Ja, vielen Dank.«

Wir gehen in Ludwigs Zimmer. Ein normales Jungenzimmer, nur aufgeräumter, als ich erwartet habe. Auch hier keine Geweihe oder Gewehre an der Wand, was mich sehr beruhigt.

Die Stimmung zwischen uns hat sich allerdings leicht verändert.

»Ist es dir nicht recht, wenn ich mitesse?«, frage ich.

»Doch, es ist nur ...«

Ich lasse mich in einen Sessel fallen, der am Fenster steht.

»Ich weiß, ihr esst Fleisch. Denkst du, das kenne ich nicht? Meine Großeltern essen auch Fleisch. Sogar meine Brüder, wenn meine Oma kocht.«

Ludwig lehnt sich an einen großen Holzschreibtisch auf dem nur ein dünnes MacBook steht.

»Nein, ich meine: Sie wissen nicht, wer du bist. Sie werden dich ausfragen ...«

»Und dann erzähle ich es ihnen eben.«

Er wirft die Arme hoch. »Okay!«

Ich entdecke ein dickes Buch neben seinem Bett. Ich lese nicht viel und wenn, dann Sachbücher und Biografien, die mir meine Eltern schenken. Ich halte es hoch.

»*Sterben*? Ist das gut?«

Er erklärt mir, dass der Autor über sein Leben schreibt und dass es sechs Bände gibt: Sterben, Lieben, Spielen, Leben, Träumen, Kämpfen.

»Welche Bände interessieren dich am meisten?«, frage ich.

Er überlegt kurz, sein Blick verändert sich, wird weich.

»Lieben. Und Träumen. Und dich?«

»Spielen und Leben und Kämpfen.« Ich lächle. »Das passt doch gut.« Weil er nicht lächelt, stehe ich auf und gehe zu ihm. Seine Augen sind dunkel und ernst, und genauso wie ich manchmal vor dem Spiegel in meine Augen tauche, kann ich jetzt in seine hineinblicken. Auf einmal ist die Lust wieder da, wir sind in seinem Zimmer, wir sind allein. Ich lege die Hände um seine Hüften, küsse ihn.

»Aber auch ein wenig Lieben«, flüstere ich.

Als ich ihn küsse, spüre ich, wie er sich verkrampft. Vielleicht, weil er weiß, dass seine Eltern in der Nähe sind und es außerdem gleich Essen gibt.

»Deine Mutter hat mich gesiezt«, sage ich.

Er grinst schief. »Ja, so ist das hier.«

Ich löse mich von ihm, sehe an mir herunter. Kann ich so mitessen? Muss ich mir was anderes anziehen? Eine lange Hose? Am besten leihe ich mir von Ludwig eine Jeans. Ich knöpfe meine Jeansshorts auf, sehe Ludwigs Gesichtsausdruck, eine Mischung aus Panik und Lust, und muss lachen.

»Hey, keine Angst, ich zieh mich nicht aus. Ich will nur nicht so bei euch am Tisch sitzen. Kannst du mir eine Hose leihen?«

Jetzt grinst er. »Du bist perfekt angezogen. Ich trage auch Shorts. Das ist hier nicht das Königshaus.«

Aber eigentlich ist es genau wie in einem Königshaus. Auf dem Tisch liegt eine weiße Decke, die Teller sind weiß, das Besteck liegt neben den Tellern, das Messer rechts, die Gabel links, darüber der Dessertlöffel. Auf jedem Teller liegt eine weiße Stoffserviette. Wie in einem teuren Restaurant. Oder weil Sonntag ist. Neben jedem Teller stehen zwei Gläser, ein Weinglas und ein Wasserglas.

Einmal habe ich eine Schulfreundin besucht, deren Eltern viel Geld hatten. Dort sah es ähnlich aus. Ein Dienstmädchen hat uns bedient und gefragt, was wir haben möchten und ob wir noch etwas bräuchten. Ich habe mich schrecklich gefühlt, weil es für sie nicht so viel zu tun gab und sie die ganze Zeit neben dem Tisch stehen musste.

Aber ein Dienstmädchen scheint es bei Ludwig nicht zu geben. Ludwigs Mutter geht in die Küche, um das Essen zu holen. Sein Vater sitzt auf dem Sofa, die Beine übereinandergeschlagen.

»Das ist Marie. Marie, mein Vater«, stellt Ludwig uns einander vor.

Sein Vater steht sofort auf, gibt mir die Hand. Er ist groß und kräftiger als Ludwig, der mehr seiner Mutter gleicht.

»Von Brockdorff«, sagt er förmlich. »Kennt ihr euch aus der Schule?«

»Nein«, sage ich. »Wir haben uns in einem Konzert getroffen.«

»Ach, geht man denn noch auf Konzerte? Ich dachte, dass sich Jugendliche die Musik heutzutage nur noch aus dem Internet herunterladen.«

Ich weiß, er macht freundlichen Small Talk, und das gefällt mir. Ludwig entschuldigt sich förmlich, geht in die Küche und hilft seiner Mutter. Ich bleibe.

»Es gibt jetzt eigentlich sogar wieder mehr Konzerte, weil die Musiker von etwas leben müssen und die Downloads weniger einspielen als früher die CDs«, sage ich.

»Ja, die Digitalisierung betrifft alle Bereiche.«

Aber manche auch nicht, denke ich und sehe zu dem Waffenschrank.

»Jagen Sie auch auf Pferden?«, frage ich, denn ein Bild hängt an der Wand, auf dem eine Jagdgesellschaft auf Pferden sitzt.

»Nein. Das machen wir schon sehr lange nicht mehr«, sagt er, und es hört sich so an, als spräche er nicht nur von sich, sondern von Generationen von Grafen und von Brockdorffs. »Die Parforcejagd war in Deutschland nie so verbreitet wie in England oder Frankreich. Sie wurde 1934 durch eine Ergänzung zum Reichsjagdgesetz verboten.«

»Ach ja?«, sage ich höflich.

»Ja. Heute sind Reitjagden ein sportliches Ereignis, bei dem keine Tiere mehr gejagt werden, sondern nur ein Reiter, der einen Fuchsschwanz dabeihat.«

»Und hoffentlich nicht erschossen wird«, sage ich und lächle. Ein Witz.

Zum Glück lächelt er zurück. »Selbstverständlich nicht.«

Ludwig und seine Mutter bringen das Essen. Zwei Platten mit Gemüse und Kartoffeln, eine Platte mit aufgeschnittenem Fleisch. Es ist dunkel, vermutlich Wild.

Wir setzen uns.

»Marie isst kein Fleisch«, sagt Ludwigs Mutter, als mir sein Vater als Erstes die Fleischplatte anreicht.

»Ach, das ist interessant«, sagt er und reicht sie an Ludwig weiter, der sie gleich an seine Mutter weitergibt.

»Du kannst ruhig ...«, sage ich leise.

»Ich habe nicht viel Appetit«, murmelt Ludwig, als seine Mutter zögert, ihm die Platte abzunehmen.

Es entsteht ein kleiner peinlicher Moment, der aber sofort überspielt wird, indem sich Ludwigs Vater an mich wendet.

»Interessieren Sie sich für die Jagd?«

»Schon, aber ... ich bin eher eine Jagdgegnerin.«

Ich habe von meinen Eltern gelernt, zu dem zu stehen, was ich mache. »Ich engagiere mich bei Greenpeace und setze mich für Tierschutz ein.«

Für einen Moment wird es sehr leise am Tisch. Kein Besteck klappert, keine Platte wird abgesetzt. Wie im Schloss von Dornröschen, wenn alle in tiefen Schlaf fallen.

»Ach«, sagt Ludwigs Vater schließlich. »Greenpeace. Machen die nicht immer sehr radikale Aktionen?«

»Ja«, sage ich nur.

»Und, Marie«, sagt Ludwigs Mutter und stellt endlich die Platte mit dem Fleisch ab, »haben Sie keine Angst, bei einer solchen Aktion einmal festgenommen zu werden? Und womöglich eine Vorstrafe zu bekommen?«

»Die habe ich schon.«

»Sie hassen mich!«, sage ich, als Ludwig und ich zusammen zu den Fahrradständern gehen.

»Ein bisschen hast du es ja auch darauf angelegt«, sagt er.

Es stimmt. Aber wenn ich nicht zu dem stehe, was ich mache, wie kann ich dann die Großkonzerne kritisieren, die Schuld an Umweltverschmutzung und Tierleiden haben und die ständig der Wahrheit ausweichen?

Ich schließe mein Rad auf.

»Du musst mich nicht nach Hause bringen.«

Ich weiß, es klingt ein wenig eingeschnappt. Ich bin verletzt. Ich wollte, dass Ludwigs Eltern mich mögen und akzeptieren, aber an ihren Blicken habe ich gemerkt, dass sie mich überhaupt nicht verstehen. Nichts von mir.

»Doch«, sagt Ludwig. »Ich lass dich nicht alleine fahren.«

Er schließt sein Rad auf. Ich bin mir nicht sicher, ob er das macht, weil er so erzogen ist. *Die Dame, die zu Besuch war, wird anständig nach Hause begleitet.* Oder ob er mir zeigen will, dass er zu mir steht. Aber sollte er dann nicht besser mit seinen Eltern diskutieren, statt mit mir zurückzufahren? Doch insgeheim mag ich, dass er mich zurückbegleitet. Denn wenn ich es meinen Eltern nicht versprochen hätte und sie nicht heute fahren würden, würde ich bleiben.

Wir fahren schweigend auf einem Feldweg am Rand eines Waldgebiets.

»Vorstrafe ... Was hast du denn angestellt?«, fragt Ludwig, als wir eine Viertelstunde gefahren sind und uns ein gutes Stück vom Hof entfernt haben.

»Ist egal«, sage ich und schalte einen Gang höher. Ludwig kommt hinterher.

»Nein, ist es nicht.«

Ich seufze. »Okay, na ja ... wir waren in einer Schlachterei und haben dort etwas an die Wand gesprüht. Sachbeschädigung, Hausfriedensbruch, Widerstand gegen die Staatsgewalt.«

»War das eine Greenpeace-Aktion?«

Ich zögere einen Moment, aber warum soll ich lügen?

»Nein.«

Ich finde gut, dass Marie so offen ist. Und ganz offen zu dem steht, was sie macht. Auch zu den radikaleren Aktionen. Die meisten Menschen sehen weg. Was mit den Tieren in der Massentierhaltung passiert, ist grausam. Wir tun nur nichts dagegen, weil wir es nicht mitansehen müssen. Ich denke an Knausgård. Der Tod wird versteckt, also auch, wie die Tiere getötet werden. Niemand will, dass wir Fragen stellen. Ich habe viel darüber gelesen. Dass der Regenwald gerodet wird, um mehr Flächen für die Rinderhaltung zu schaffen, obwohl wir den Regenwald dringend brauchen. Wir leben von Sauerstoff. Überall auf der Erde. Ich verstehe das. Ich bin mir nur nicht sicher, ob die meisten Menschen Marie verstehen. Noch nicht mal meine Eltern verstehen sie, obwohl sie für Tier- und Umweltschutz sind.

»Müssen denn die Aktionen immer so gefährlich und verboten sein?«, sage ich.

Sie fährt weit über ihr Rennrad gebeugt, Blick geradeaus.

Das Haar offen, die Bluse hat sie um ihre Hüfte geschlungen. Es ist sehr warm, die Sonne brennt erbarmungslos auf uns nieder. Ich weiß, sie ist verletzt. Von der reservierten Stimmung am Tisch, von dem Urteil meiner Eltern, das deutlich zu spüren war, auch wenn sie es nicht ausgesprochen haben. Aber weiß sie auch, dass ich genauso verurteilt werde, wenn ich etwas tue, was ihnen nicht passt? So sind sie nun mal. Eigentlich bin ich heute Abend mit meinem Vater zur Jagd verabredet. Ich habe ihm abgesagt. Dass ich mich stattdessen lieber mit einer Umweltaktivistin treffe, passt ihm nicht, und er hat es mich spüren lassen.

»Findest du schlecht, was ich mache?«, sagt Marie.

Ich atme aus, versuche jetzt nicht das Falsche zu sagen. Im Moment kann das vermutlich alles sein.

»Nein, ich finde gut, was du machst. Das meiste. Sogar, wenn es verboten ist. Sind ja nicht alle Gesetze und Regeln gut. Wenn keiner was sagt oder macht, dann ändert sich nichts. Ich frage mich nur ... Was ist mit dir und deiner Zukunft?«

»Zukunft?«, sagt sie und sieht mich mit einem kritischen Blick an. Verdammt, ich weiß, ich höre mich an wie meine Eltern. Ich meine es aber anders.

»Ich meine nicht Ausbildung, sondern Leben.«

Sie schweigt. Ich will nicht, dass sie mich ausschließt. Ich bin auf ihrer Seite. Grundsätzlich.

Marie bläst eine Locke aus ihrem Gesicht.

»Ich habe überlegt, zu Sea Shepherd zu gehen. Um Wale und Haie zu retten.«

Sie klingt trotzig wie vorhin am Tisch mit meinen Eltern. Als müsste sie es verteidigen.

»Okay, Sea Shepherd. Aber wenn man da mitmachen will, dann darf man die letzten zehn Jahre nicht wegen einer Straftat verurteilt worden sein.«

Sie stoppt abrupt, mitten auf dem Radweg. »Echt?«

Ich halte auch, drehe mich zu ihr zurück, zucke mit den Schultern. »Ich habe gegoogelt, was die so machen und wie man mitmachen kann.«

Marie starrt mich verblüfft an. Sie hat noch nie darüber nachgedacht. »So ein Mist.«

Wir fahren schweigend weiter. Ist sie jetzt sauer auf mich? Was kann ich dafür, dass auch Umweltaktivisten nicht mit Vorbestraften arbeiten wollen? Langsam werde ich wütend. *Soll sie doch machen, was sie will!* Vielleicht sollte ich jetzt gleich umdrehen und zurückfahren. Mir von meinen Eltern erzählen lassen, wie verrückt diese Umweltextremisten sind, die alles mit Gewalt verändern wollen. Und dass das nicht geht, weil Veränderungen ihre Zeit brauchen. Und ich ein Mädchen wie Marie nicht weiter treffen sollte, die spontan und unüberlegt handelt und sogar Straftaten begeht. Sondern besser Thea. Oder eines der Mädchen aus dem Rotary Club, mit denen mich meine Mutter am liebsten verkuppeln möchte. Aber ganz so einfach ist es nicht. *Langsame Veränderung*. Okay, ja. Aber dazu passt leider nicht, dass ich mich sofort in Marie verliebt habe. Auf den ersten Blick. Manchmal ist das Leben so. Außerdem ist nicht immer genug Zeit für eine langsame Veränderung. Der Klimawandel beschleunigt sich. Um ihn aufzuhalten, muss schnell gehandelt werden.

Verteidige ich sie schon wieder?

Sollte ich nicht doch besser umdrehen? Noch ist Zeit.

Ich bremse und fahre von der Straße auf den Gehweg, halte an, stelle das Rad ab. Marie folgt mir, bleibt aber auf dem Rad.

»Was ist?« Sie sieht mich an.

»Ich kann nichts dafür, dass *Sea Shepherd* dich nicht aufnimmt. Ich versuche dir nur zu helfen.«

Sie steigt ab, lehnt das Rad an einen Gartenzaun.

»Helfen?« Sie reißt aufgebracht die Arme hoch. »Du lebst da auf deinem riesigen Hof und musst dir um nichts Gedanken machen. Ihr habt sogar einen eigenen Wald, in den du gehen kannst. Du weißt überhaupt nicht …«

»Was?«, sage ich. »Denkst du, ich habe keine Ahnung? Ich war bei eurer Filmvorführung und beim Vegan-Meet-up. Und du rennst schon weg, wenn du, du … nur einen Waffenschrank siehst. Was denkst du denn? Wir schießen nicht einfach so auf Wild. Wir sind keine Mörder!«

Marie stützt ihre Hände in die Hüften, sie ist rot im Gesicht. Hauptsächlich wegen der Hitze, aber sie ist auch wütend. »Keine Mörder, okay, aber ihr denkt, das bisschen Wild, was ihr abschießt, spielt keine Rolle. Aber das stimmt nicht. Es kommt auf alle an. Jeder muss etwas beitragen. Jeder muss sich ändern.«

»Was denkst du denn, was ich tue? Ich habe mich in den letzten Tagen mehr geändert, als, als ...«

»Ich«, sagt Marie auf einmal erstaunlich ruhig. Ihre Wut ist komplett verraucht. Mir läuft der Schweiß das Gesicht herunter, ich wische mir mit dem Saum meines Shirt die Stirn, spüre ihre Hand auf meinem nackten Oberkörper, unsere Lippen finden sich, und etwas in mir atmet auf.

Kurz darauf halten wir vor ihrem Haus. Durchgeschwitzt, erschöpft. Eigentlich wollte ich sie nur nach Hause bringen und gleich umkehren, da sie Besuch von ihrer Oma hat.

»Willst du dich noch abkühlen?«, fragt sie, gerade, als ich überlege, ob ich um ein Glas Wasser bitten soll.

»Gerne.«

Wir schieben unsere Räder durch das Gartentor auf das Haus zu, das im Tageslicht ganz anders aussieht. Bunter. Und verrückter.

»Komm, wir gehen nach hinten und machen den Sprenger an.«

Hinter dem Haus ist eine große Wiese, in der Mitte steht ein Rasensprenger. *Wasser!*

Marie reißt sich auf dem Weg zum Wasserhahn ihre Bluse auf, steigt aus ihren Shorts, dreht das Wasser auf.

»Los, komm.«

Ich zögere kurz, aber – was soll's. Reiße mir das T-Shirt über den Kopf, ziehe die Shorts aus, lasse nur die Boxers an.

Marie steht schon unter dem sanft hin- und herschwenkenden Sprenger. Haar nass, ihr Top klebt am Körper, ein kleiner Slip – weiß sie, wie sexy sie aussieht? Am Himmel bildet sich ein Regenbogen, Marie sieht ihn auch, legt den Kopf in den Nacken. Ich stelle mich mit unter den Sprenger, auf die andere Seite. Mal trifft der Wasserstrahl sie, mal mich, sie kommt zu mir auf die andere Seite und küsst mich. Für einen Moment stehen wir so, werden nass gespritzt, werden von der Sonne gewärmt, werden nass.

»Mariiiiieee!«

Zwei Jungs stürmen in Badeshorts aus dem Haus und unter den Sprenger. Ich löse mich von Marie. Die beiden rennen herum und spritzen sich und uns nass.

»Meine Brüder«, sagt Marie. »Peter und Paul.«

Zwillinge. Sie sehen Marie ähnlich. Und erinnern mich an Conrad.

8

Das Wesen des Daseins

– Marie –

Meine Brüder lieben Ludwig. Sie lassen sich von ihm unter den Sprenger jagen, sie verbünden sich gegen ihn, sie springen auf seinen Rücken. Und was ich am süßesten finde – obwohl ich es hasse, wenn Molly sagt, dass sie etwas süß findet –, ist, dass Ludwig es sich gefallen lässt. Nett zu meinen Brüdern ist, die sich abwechselnd wie nervige Teenager und ganz kleine Jungs verhalten.

»Ich hole Handtücher«, sage ich, gehe durch die offen stehende Verandatür ins Haus und treffe meine Mutter. Sie blickt nach draußen, wo Ludwig sich gerade gegen meine Brüder verteidigt. An einem Arm hängt Peter, am anderen Paul.

»Ich versteh, warum du ihn magst«, sagt sie und betrachtet Ludwigs gut gebauten Körper, was mir etwas unangenehm ist.

»Es geht nicht nur darum.«

Sie lächelt. »Aber auch darum. Und – natürlich – eine Menge anderer Kleinigkeiten.«

Sie zeigt auf einen Stapel mit Handtüchern, ich nehme mir das oberste und trockne mich ab.

»Wo ist Oma?«

»Sie kommt gleich herunter. Ich dachte, wir könnten noch einen Tee zusammen trinken, bevor wir fahren. Sie hat einen Kuchen mitgebracht.«

Ich rubble mir die Haare trocken. »Vegan?«

Meine Mutter zuckt mit den Schultern. »Sie sagt, es sind keine Eier drin.«

Was bedeutet, dass wir eine Ausnahme machen werden, statt meine Oma auszufragen, ob auch keine Milch und Butter im Kuchen sind, da sie sich immerhin bemüht hat.

Mein Vater trägt zwei kleine Koffer die Treppe herunter. Manchmal frage ich mich, ob er die Sachen überhaupt auspackt, wenn er mal zu Hause ist. Er schaut mit uns in den Garten.

»Das ist aber nicht Timo ...«

»Nein«, sagt meine Mutter leicht amüsiert, weil mein Vater sofort in seine Beschützerhaltung fällt. Was nett und altmodisch zugleich ist, denn schließlich entscheide ich, mit wem ich zusammen sein will.

»Das ist Ludwig von Brockdorff«, lässt meine Mutter die eigentliche Bombe platzen.

»Der Sohn von dieser verrückten Jägerin?«

Er sieht zu mir.

»Mama, Papa?«, sage ich, denn ich möchte es sofort klären.

»Ludwig hat mit seiner Mutter gesprochen. Sie will euch nicht wirklich verklagen. Es war nur ... sie ist die Präsidentin von diesem Jägerverein.«

»Ich weiß«, sagt meine Mutter. »Und wir werden Ludwig sicher nicht für das verurteilen, was seine Eltern tun.«

»Seine Eltern sind gar nicht so blöd«, sage ich und frage mich, warum ich sie verteidige. Sicherlich nicht, weil sie heute so freundlich zu mir waren.

»Sie sind ganz anders als diese ... Hobbyjäger. Ich war bei Ludwig. Seine Mutter mag auch keine Geweihe an der Wand. Sie züchtet Pferde und setzt sich für Tierschutz ein. Sie haben ihren eigenen Wald und ...«

»Den haben die meisten Jäger«, sagt mein Vater. »Aber ich verstehe. Du triffst dich mit Ludwig und hast seine Eltern kennengelernt. Natürlich willst du sie mögen. Wir müssen einfach das Sachliche vom Emotionalen trennen.«

»Ach? Wie denn?«, frage ich, weil ich darin noch nie besonders gut war.

»Nun, das eine ist dieser Junge, den du offensichtlich magst, und das andere ist die Haltung, die seine Eltern einnehmen. Politisch.«

Meine Mutter nickt. »Es kommt darauf an, was oder wen sie unterstützen. Wenn sie auf der Seite der Jäger sind, also aller Jäger, dann kann es sein, dass wir uns noch öfter mit ihnen streiten werden.«

»So ist das nun mal in einer Demokratie«, sagt mein Vater. »Sachverhalte werden ausdiskutiert.«

»Okay. Gut«, sage ich und denke, dass man nicht alles ausdiskutieren kann. Meine Gefühle für Ludwig sind jedenfalls keine Frage von Pro und Kontra.

Ich nehme mir drei weitere Handtücher und gehe wieder nach draußen zu den Jungs. Ludwig kommt auf mich zu, meine Brüder hinterher. Ich verteile die Handtücher.

»Hast du vielleicht ein paar trockene Sachen für mich«, fragt Ludwig.

»Ich hab' was für dich«, sagt Paul und rennt ins Haus. Peter natürlich hinterher.

Die Sonne fällt auf Ludwigs leicht gebräunte Haut, Wasser tropft aus den Haaren auf seine Schulter, sein Brustkorb hebt und senkt sich außer Atem von dem Spiel mit meinen Brüdern. Ich tippe auf seinen Brustkorb, lasse den Finger etwas nach unten gleiten. Einerseits ist es ganz leicht, Ludwig aus der Fassung zu bringen, aber dann auch wieder nicht. Ich bin mir sicher, dass ihn mein Anblick erregt, aber er lässt es sich nicht anmerken, rubbelt sich die Haare trocken.

»Was nun?«, frage ich.

Er lässt die Arme sinken, ich könnte schwören, die Härchen auf seinen Unterarmen sind aufgestellt, der ganze Körper unter Spannung.

»Habt ihr nicht Besuch?«, fragt Ludwig. »Sollte ich nicht besser fahren?«

Ich lächle. »Ich denke nicht, dass meine Brüder dich so bald gehen lassen.«

Er blinzelt. »Und du?«

»Hier!« Paul steht mit dem Arm voller Klamotten vor Ludwig.

»Such dir etwas aus.«

Er hat offenbar seinen gesamten Kleiderschrank leer geräumt.

»Du kannst dich in unserem Zimmer umziehen«, sagt Peter, der alt genug ist, um zu wissen, dass Ludwig in meinem Zimmer für immer verloren für ihre Kinderspiele ist.

Wir gehen nach oben, ich in mein Zimmer, Ludwig wird in den Raum meiner Brüder gezerrt. Ich probiere fünf verschiedene Outfits an, bis ich ein eng anliegendes T-Shirt-Kleid mit dünnen Trägern finde, das ich irgendwann mal im Urlaub gekauft und noch nie getragen habe. Jetzt passt es, ist sogar genau richtig. Ich lege die Arme um meinen Körper, bleibe einen Moment so stehen. Unter Ludwigs Blicken verändere ich mich, werde weicher, löse mich auf.

Kurz darauf versammeln wir uns alle auf der Terrasse an dem langen Holztisch. Ludwig sitzt zwischen meinen Brüdern. Seine Boxers trocknen im Garten, er trägt ein T-Shirt von Peter, dass über seinem Brustkorb spannt, und hat wieder seine eigenen Shorts an, obwohl wir ihm alle unsere Sachen angeboten haben, sogar mein Vater.

Es gibt Kaffee und Tee mit Hafermilch und Omas Kuchen, der leicht auseinanderfällt.

»Weil keine Eier drin sind«, erklärt sie Ludwig.

»Es gibt auch vegane Kuchenrezepte«, sagt er höflich.

»Sind Sie auch vegan?«, fragt meine Oma verwundert, die das immer noch für einen Spleen unserer Familie und nicht für eine weltweite Bewegung hält.

»Nein«, sagt Ludwig und sieht so unsicher zu mir, dass ich lachen muss.

»Sie ist auch nicht vegan«, flüstere ich ihm zu.

»Was ist sie denn?«

Gute Frage.

»Normal«, sage ich und wundere mich im gleichen Moment. Aber es stimmt. Vielleicht wird es irgendwann anders sein, aber noch ist es normal, Fleisch zu essen und Eier und Milch.

»Und Ludwig? Du hast gerade Abitur gemacht?«, fragt meine Mutter. Ihre Fragen beginnen meist harmlos und gehen dann tiefer. Ich hoffe nur, sie fragt nicht nach dem Jagen oder seinen Eltern.

»Ja.«

»Und jetzt erst mal von der Schule erholen«, schaltet sich mein Vater überraschend in das Gespräch ein. »Nach zwölf Jahren ist es ja auch mal genug.«

Da Ludwig keine Ahnung hat, dass meine Eltern nicht gerade Fans unseres Schulsystems sind, blinzelt er überrascht.

»Ich möchte Philosophie studieren.«

Philosophie studieren?

Mein Vater beugt sich überrascht vor. Das Jägerthema hat er abgewendet, aber Ludwig ist trotzdem auf dem Prüfstand. »Das ist ja spannend. Ich habe neben Journalistik und Politologie ein paar Semester Philosophie studiert. Was interessiert dich besonders?«

»Existenzphilosophie«, sagt Ludwig, ohne zu zögern.

»Aha. Kierkegaard, Husserl. *Das Wesen des Daseins ist seine Existenz.* Die Abkehr vom wissenschaftsbejahenden Positivismus hin zu den existenziellen Fragen des ... Lebens. Ich verstehe die Faszination.«

»Weniger die Phänomenologie Husserls als die Lebensphilosophie von Bergson und Nietzsche«, sagt Ludwig auf seine typisch zurückhaltende Art, hinter der sich ein großes Selbstbewusstsein verbirgt. *Nietzsche, Husserl, Bergson*? Ich weiß gerade mal, dass das Philosophen sind.

»Könnt ihr uns freundlicherweise etwas mehr erhellen«, sagt meine Mutter.

»Die Existenzphilosophen«, sagt mein Vater, »glauben nicht an das große Absolute oder die Macht der Vernunft, sondern fragen vielmehr, wie sich der einzelne Mensch in der Welt oder anderen gegenüber verhält. Der Mensch, seine Ängste und Sorgen stehen im Mittelpunkt. Existenzphilosophen stellen Fragen zu Freiheit, Sexualität, Liebe und Tod, die vorher immer ausgeblendet wurden.« Er steht auf. »Ich muss irgendwo noch ein Buch haben, das könnte ich dir leihen.«

Ich sehe meinem Vater hinterher, der mit hundertprozentiger Sicherheit kein Buch in seinem chaotischen Arbeitszimmer finden wird, und dann zu Ludwig, der einen Schluck Tee nimmt und höflich den trockenen Kuchen isst. Ich weiß nicht, wie er das macht, aber er hat meine Familie im Sturm erobert.

»Sie lieben dich«, sage ich, als meine Eltern abfahren und wir ihnen brav hinterherwinken.

Ludwig grinst schräg. »Dafür hassen mich deine Freunde.«

»Sie hassen dich nicht. Sie kennen dich nur noch nicht gut genug.«

»Ey, Ludwig, willst du unser Huhn sehen?«, ruft Paul.

Ludwig sieht fragend zu mir.

»Geh nur«, sage ich und mache eine übertrieben großzügige Geste.

Ludwig lacht. »Sorry, es ist ein Huhn! Wer kann da widerstehen?«

Meine Brüder rennen um das Haus in den Garten und reißen Ludwig mit. Ich trödle hinterher, nehme mein Handy heraus, das schon die ganze Zeit vibriert. Fünf verpasste Anrufe. Von Timo.

– Ludwig –

»Ihr habt ein Huhn?«

Ich hocke mit Peter und Paul vor dem Gehege und versuche, ein zweites oder drittes Huhn zu entdecken. *Ein Huhn?* Macht irgendwie keinen Sinn.

»Marie hat das Huhn von Timo geschenkt bekommen«, sagt Peter, den ich nur erkenne, weil er ein anderes T-Shirt trägt als Paul. Er sieht zu seinem Bruder, ob der vielleicht mehr weiß.

Ich mag die beiden. Sie erinnern mich an Conrad, obwohl ich ihn nur jünger erlebt habe. Aber so wäre er geworden, die eine oder andere Variante, schüchterner oder frecher.

»Aha. Und was macht ihr mit den Eiern?«

»Weiß nicht«, sagt Paul und sieht zu Marie, die mit dem Handy in der Hand herangeschlendert kommt.

»Das ist eine lange Geschichte«, sagt sie.

Nach dem Füttern des Huhns gehen wir nach oben in ihr Zimmer. Auf der Treppe beginnt mein Herz zu hämmern. Endlich allein.

Marie öffnet die Tür, Hitze schlägt uns entgegen, obwohl die Balkontür offen steht. Ihr Zimmer habe ich mir anders vorgestellt. Ordentlich, mädchenhaft. Ganz automatisch. Und so falsch. Auch deshalb ist es aufregend, jetzt in diesem wild chaotischen Raum zu stehen. Überall liegen Kleider, CDs, Zeitschriften, Schuhe, Badesachen. Ihr Bett sieht aus, als wäre sie gerade herausgesprungen, fast möchte ich fühlen, ob es noch warm ist.

Marie räumt einen Stapel Kleider auf einen Stuhl, kickt ihre Schuhe unter das Bett und faltet ihre Bettdecke. Viel verändert hat sich nicht, vielleicht wollte sie nur eine Schneise zum Bett schlagen; der einzige Ort, wo man sitzen könnte. Oder liegen ...

»Ich würde gerne sagen, dass es hier sonst besser aussieht«, sagt Marie und macht eine halbe Drehung in ihrem Zimmer, »aber, hm, das stimmt nicht. Ich bin selten hier.«

Auch nicht mit Timo?, schießt es mir durch den Kopf.

Wenn Maries Beziehungen so unaufgeräumt wie ihr Zimmer sind, dann möchte ich das gerne *jetzt* wissen.

Ihr Handy klingelt. Sie blickt kurz auf ihr Display und drückt den Anruf dann weg.

»Wenn du telefonieren musst ...«, sage ich und mache eine großzügige Geste mit dem Buch, dass mir ihr Vater im letzten Moment in die Hand gedrückt hat. *Vorlesungen zur Existenzphilosophie*. Ich kenne es, aber ich wollte nicht unhöflich sein.

»Ich muss gar nichts«, sagt sie und sieht mich herausfordernd an.

Ich lege das Buch auf dem Schreibtisch ab. Sie legt ihr Handy daneben, kommt näher, steht vor mir. Die andere Marie. Verletzlich und schüchtern. Ich streiche ihr das feuchte Haar hinter die Schulter, lege meine Hand an ihre Wange. Schon die kleinste Berührung ihrer Haut erregt mich und schüchtert mich zugleich ein.

»Hey ...«, flüstere ich.

»Hey ...«, sagt sie und legt den Kopf in den Nacken, während meine Hand auf ihre Schulter gleitet, mein Daumen auf ihrem Schlüsselbein landet, die dünne Haut, der verletzliche Knochen darunter. Wieder dieses Bedürfnis, Marie zu beschützen. Vor allem vor sich selbst. Sie kämpft für eine bessere Welt, egal, was es kostet.

Ihr Handy klingelt. Einmal, zweimal. Ich sehe rüber zum Schreibtisch auf das Display. *Timo*.

Marie hebt den Kopf und blinzelt, als käme sie aus einem Tiefschlaf zurück. Das Handy klingelt weiter.

»Ich geh kurz ran ...«, beschließt sie.

Während Marie im Flur telefoniert, lege ich ihre Sachen von einem alten Sessel auf einen Stuhl, der sowieso schon überladen mit Kleidern ist, und setze mich. Der Drang, etwas weiter zur Tür zu gehen und zu lauschen, ist so stark, dass ich mich an den Armen des Sessels festhalten muss, um nicht aufzustehen. Während ich mit angestrengt gespitzten Ohren dasitze, ohne irgendetwas zu hören außer einem leisen Murmeln, fällt mir ein: Ich muss auch telefonieren. Einen Moment überlege ich, ob ich es mir sparen kann und gleich fahren soll. Dann könnte ich noch pünktlich zu Hause sein und mit zur Jagd gehen. Wie sonst auch. Weil es weniger Ärger und Fragen geben würde. Aber ich will etwas anderes. Ich starre auf mein Handy und drücke schließlich Huberts Nummer.

»Waidmannsheil!«

»Hey, Hubi«, sage ich mit gesenkter Stimme.

Er lacht. »Gut, dass du anrufst. Hast du deinen Jagdschein?«

»Wann soll der gekommen sein? Das dauert eben«, sage ich und schwöre, dass es das letzte Mal ist, dass ich Hubert anlüge. Ich muss das klären.

»Ach ja. Aber du bist doch heute dabei, oder? Im Revier läuft eine Rotte von Wildschweinen herum und trampelt die Stecklinge nieder. Mein Vater ist stinksauer. Er hat versucht, sie einzuzäunen, aber die sind schlau. Die trampeln den Zaun nieder, und dann kommt das Damwild und knabbert den Rest auf. Wir müssen was machen.«

Während Hubert aufgeregt erzählt, überlege ich, was die beste Begründung ist. Dass ich keinen Jagdschein habe, spielt keine Rolle, den hatte ich früher auch nicht und bin trotzdem immer mitgegangen. Genau wie Hubert.

»Ludwig? Bist du noch dran?«

»Ja. Also ... deswegen ruf ich an. Ich komm heute nicht. Ich bin – mit einem Mädchen zusammen.«

»Was? Alter Schwede! Thea? Seid ihr jetzt ...? Habt ihr schon?«

Ein Mädchen. Oder Sex. Das Einzige, für das man die Jagd zurückstellen darf. Auch wenn es mir gar nicht darum geht. Oder nicht nur darum.

»Ich kann jetzt nicht reden. Ich erzähl dir am Freitag alles.«

»Komm schon.«

Ich sehe auf das zerwühlte Bett, die Hitze im Zimmer, der Gedanke an Maries Haut. Auf einmal kommt mir Hubert wie ein Eindringling vor, ich will noch nicht einmal seine Stimme in diesem Raum haben. Es war ein Fehler, ihn anzurufen.

»Ich wollte dir nur Bescheid sagen. Wir sehen uns.«

Ich lege auf, gerade als Marie zurück ins Zimmer kommt. Auf der Stirn die steile Falte, erhitzt und aufgebracht.

»Was ist?«, frage ich.

»Timo will, dass wir uns heute treffen, weil sich morgen die Jaggies treffen und wir dann den Film besprechen.« Sie feuert ihr Handy aufs Bett. »Hey, ich habe das alles vorbereitet und dann noch alles wieder abgebaut, warum ruft er nicht mal Molly an?«

Ich muss leicht lächeln. Merkt sie nicht, wie Timo um sie kämpft? Weiß sie vielleicht auch nicht, dass ich hier in diesem Sessel sitze und mich konzentrieren muss, um nicht nur daran zu denken, wie wir uns zwischen den zerwühlten Laken lieben könnten?

Sie atmet tief ein und dann langsam aus.

»Meine Oma fragt, ob du gleich mitessen willst? Ihr Hühnerfrikassee.«

»Ach, dafür ist das Huhn ...«

Sie lässt sich auf ihr Bett fallen, ein herausfordernder Blick. »Hey, du bist ganz schön frech.«

Ich zucke mit den Schultern. »Ich frage mich nur, warum du ein einziges Huhn hast?«

Sie sieht mich mit großen Augen an, blinzelt.

»Ich habe *Tierretter* gegoogelt ...«, sage ich schließlich.

Muss ich noch mehr sagen?

Marie richtet sich etwas aus ihrer lässig hingestreckten Position auf, plötzlich ganz ernst.

»Okay, stimmt. Ich war bei der letzten Aktion dabei.« Sie schnaubt ärgerlich und richtet sich dann ganz auf. »Du kannst dir nicht vorstellen, wie schrecklich das in den Hühnerställen ist. Da ist Dreck, und tote Hühner liegen einfach in den Ställen, und andere treten auf ihnen herum. Sie haben sich alle Federn ausgerupft, und es riecht nach Ammoniak und ...« Sie starrt auf den Flickenteppich vor ihrem Bett. »Es war grauenhaft.« Ihre Stimme verändert sich, wird weicher. »Deshalb habe ich ein Huhn mehr mitgenommen.« Sie sieht auf, die steile Falte ist zurück. »Ich musste das tun.«

Ich hebe die Hände. »Hey, das ist okay für mich. Ich meine, ich verstehe das. Aber ... *ein* Huhn? Das ist jetzt ganz schön einsam, oder?«

Sie lächelt. »Okay, was, denkst du, braucht es denn? Ein anderes Huhn oder etwa ... einen Hahn?«

Ha, ha, ich verstehe die Anspielung. Aber es geht nicht nur darum.

»Hühner sind soziale Tiere. Sie brauchen eine Gruppe.«

»Wegen der Hackordnung?«

Wieder der trotzige Ton.

»Umgekehrt. Die Hühner haben eine Hackordnung, damit sie in der Gruppe besser klarkommen. Sie leben gerne in einer Gruppe. Jedes von ihnen will den besten Schlafplatz, die hohen Plätze sind besser.«

»Woher weißt du das?«

»Wir hatten mal Hühner. Ich dachte, verdammt, diese dummen Viecher, aber ... sie sind schlauer, als wir denken.«

»Ja, das habe ich auch schon bemerkt.« Sie atmet tief durch. »Okay, dann muss ich eben noch mehr Hühner befreien.«

Nicht genau mein Punkt.

Es klopft. »Marie? Ludwig? Es gibt Essen.« Ihre Oma.

Marie steht auf, ich auch.

»Ich sollte jetzt gehen ...«, sage ich mehr aus Höflichkeit.

Marie kommt zu mir, stellt sich vor mich.

»Warum?«

»Weil ...«

Aber eigentlich gibt es keinen wichtigen Grund.

– Marie –

Nach dem Essen sitzen wir auf den Stufen der Terrasse und sehen in den Garten. Ludwig will eigentlich gehen, wie schon den ganzen Tag, aber dann bleibt er doch, und ich bin froh darüber. Mit ihm ist alles anders. Besser. Intensiver.

Die Sonne ist fast untergegangen, die Vögel zwitschern, als ob sie sich mitteilen müssten, was für ein grausam heißer Tag das war. Ein paar sitzen auf dem Rand der Vogeltränke, die meine Mutter weiter hinten im Garten aufgestellt hat. Alles ist friedlich. Meine Brüder spielen Videogames in ihrem Zimmer, meine Oma sitzt im Wohnzimmer mit einem Glas Wein.

»Du hast nichts vom Hühnerfrikassee gegessen, ich glaube, meine Oma war ein wenig beleidigt«, sage ich in einem Ton, den meine Oma neckend nennen würde.

Ludwig grinst. »Aber ich habe alles andere gegessen.«

»Aber nicht das Wichtigste«, sage ich.

Weil meine Oma immer noch so denkt: Das Fleisch ist das Wichtigste am Gericht, das andere sind die Beilagen. Das, was daneben liegt, was dazugegessen wird.

Ludwig sieht mich an, er weiß, dass ich ihn nur ein wenig provozieren will.

»Ich esse kein Huhn.«

»Echt nicht?« Irgendwie kann ich das nicht glauben. »Ihr habt eure Hühner also früher nicht geschlachtet?«

Er verengt die Augen leicht. Alles an ihm sagt: Abwehr. »Doch. Mein Großvater. Ich durfte zusehen. Danach wollte ich kein Huhn mehr essen. Und meine Mutter hat entschieden, dass die Hühner abgeschafft werden.«

»Oh.«

Wieder ist es anders, als ich erwartet habe. Immer wenn ich versuche, eine Seite von Ludwig zu verstehen, zeigt er mir eine andere, viel verletzlichere Seite.

Ich lege meinen Kopf auf die Knie und sehe, wie die Schatten im Garten länger werden. Ich mag den Garten, es ist schön, hier mit Ludwig zu sitzen. Das frisch gesprengte Gras zu riechen, den Holzkohlegrill des Nachbarn, den Oleander in den schweren Kübeln, die meine Mutter jedes Jahr in den Keller bringt und im Frühjahr wieder heraufholt. Unsere Art von Natur.

Ludwig richtet sich auf, streckt sich. Ich denke, jetzt geht er wirklich, aber dann sagt er:

»Ich muss dir auch was erzählen.«

Ich blinzle von unten zu ihm hoch. *Hat er doch eine Freundin? Will er deshalb dauernd gehen? Will er mir das jetzt sagen?* Ich richte mich leicht beunruhigt auf.

»Ja?«

»Also ... ich habe dir erzählt, dass ich noch nicht gejagt habe. Aber ... das stimmt nicht.«

Im ersten Moment bin ich nur erleichtert. Kein anderes Mädchen. Dann sehe ich seinen ernsten Blick.

»Und?«

»Ich habe einen Rehbock geschossen.«

»Ich dachte, du hast deinen Jagdschein noch gar nicht.«

»Es war ... ich hatte die Prüfung bestanden, nur den Schein noch nicht.«

»Aha.«

Er steht auf, fährt sich durch sein Haar. »Ich weiß nicht ... es war eine blöde Aktion. Wir haben gefeiert und ...«

»Und das Jagen gehört zum Feiern dazu?«

Ich sage es ruhig, ich will es wirklich verstehen, ich will ihn nicht mehr provozieren.

»Nein!« Seine Stimme klingt gereizt, weil ich es offenbar nicht schnell genug kapiere.

»Es gehört unter Jägern dazu. Dass man jagt, wenn man den Schein hat.«

»Aha. Und warum erzählst du es mir *jetzt*?«

»Weil ... ich weiß nicht. Ich wollte, dass du es weißt. Ich gehöre zu den Jägern. Eigentlich. Heute wäre Jagd gewesen.«

Ich verstehe es immer noch nicht richtig.

»Und du wärst gerne hingegangen?«

Ludwig legt den Kopf in den Nacken, sucht vielleicht nach Worten oder will, dass ich es einfach akzeptiere:

Ich jage. Komm damit klar.

Kann ich das?

Er hebt den Kopf, sieht mich nicht an, sondern zum Haus.

»Nein. Ich bin lieber hier. Vielleicht bin ich kein Jäger.«

Wir schweigen einen Moment.

Robin sagt, wer Fleisch isst, sollte auch Tiere töten können. Alles andere wäre verlogen. Ludwig kann Tiere töten.

»Du kannst doch Jäger sein und keine Tiere schießen, oder?«, sage ich.

Ludwig hockt sich vor mich, legt die Hände auf meine Knie. »Nein. Man ist Jäger, weil man Tiere jagt. Und erlegt. Und ausnimmt. Aber ich weiß nicht, ob ich das noch will.«

Wir sitzen auf den Terrassenstufen, bis es ganz dunkel ist. Da wir uns nicht bewegen, gehen auch die Bewegungsmelder auf der Terrasse nicht an, ein paar Solarleuchten hinten im Garten leuchten bläulich. Es ist stiller geworden, doch ein paar Vögel zwitschern immer noch.

»Weil es heller in der Stadt ist. Sie richten sich nach dem Licht«, sagt Ludwig. »Außerdem ist es tagsüber zu laut, also singen sie in der Nacht, um sich gegenseitig zu hören.«

»Ich höre dich auch besser«, sage ich. »Und ... mich stört nicht, dass du ein Tier getötet hast. Als Jäger.«

Es irritiert mich ein wenig, aber es stimmt. Alles andere war vorher, bevor wir uns kennengelernt haben.

»Allerdings weiß ich nicht, ob ich damit leben kann, wenn du weiter Tiere schießt.«

Er nickt. »Das weiß ich auch nicht.«

Meine Oma kommt auf die Terrasse.

»Hey, ihr beiden. Ich gehe jetzt ins Bett und würde die Tür gerne zuschließen. Oder bleibt ihr noch draußen?«

Wir stehen auf, ich strecke mich.

Ludwig reicht meiner Oma die Hand. »Danke für die Einladung zum Essen.«

»Aber das ist doch selbstverständlich.«

Ich blicke in den dunklen Himmel, atme tief ein.

Meine Oma räuspert sich leicht verlegen. »Ludwig, wenn Sie bleiben möchten, dann können Sie gerne im Gästezimmer übernachten.«

Ich drehe mich erstaunt zu ihr um.

»Und wo schläfst du dann, Oma?«

Sie lächelt. »Na, es sind ja wohl genug Betten im Haus frei.«

Ich bin mir nicht sicher, ob meine Oma Ludwig das Gästezimmer anbietet, weil sie denkt, dass wir sonst zusammen bei mir schlafen, Sex haben, sie die Verantwortung dafür trägt, oder es nur eine nette Geste ist. Vielleicht beides. Ich weiß nur eins, ich bin froh, dass Ludwig bleibt.

– Ludwig –

Ich liege in einem schmalen Raum auf einem schmalen Bett auf dem Rücken, betrachte die Schatten an der Zimmerdecke und bin glücklich. Verliebt. Und befreit, weil ich Marie endlich von dem Rehbock erzählt habe. Von diesem Tag, an dem ich zum ersten Mal gespürt habe, was es wirklich bedeutet zu jagen: Einem Tier den Atem, das Leben zu nehmen.

Damals, als mein Großvater die Hühner auf unserem Hof geschlachtet hat, weil es sein musste, wie meine Mutter sagte, eine Krankheit, eine Pest, war ich elf. Etwas, was ich nicht verstanden habe, weil die Hühner gesund aussahen. Danach habe ich nie wieder Hühnerfleisch gegessen und mir geschworen, nie ein Tier zu töten. Doch die Jagd war immer etwas anderes. Eher ein Pakt mit dem Tier. Ich war größer geworden und hielt mich für vernünftiger. Ich dachte, das Töten von Tieren gehört zum Leben dazu. Zu unserer Familie, zur Tradition, und wer davor Angst hat oder es verweigert, der kennt sich nicht aus oder ist schwach und auf jeden Fall nicht erwachsen.

Jetzt bin ich nicht mehr sicher. Und das hat nichts mit Marie zu tun, jedenfalls nicht nur, und auch nichts mit Greenpeace und Tierschutz.

Es hat allein damit zu tun, dass ich nicht sicher bin, ob wir Menschen das Recht haben, einem anderen Lebewesen das Leben wegzunehmen? Wenn es uns nicht bedroht, wenn es sich darauf verlässt, dass wir das hier hinkriegen auf der Erde, wenn wir uns schon als höchste und wichtigste Spezies auf diesem Planeten ansehen. Die, die denken können, Computer erfinden und zum Mond fliegen.

Es klopft. Ich richte mich halb auf. Ich trage nur Boxershorts und liege auf der Decke, es ist einfach zu warm.

»Ja?«

Die Tür öffnet sich einen Spalt, Marie schlüpft hinein. Sie trägt enge Shorts und ein Trägertop, ihre Haare sind nur lose zu einem Knoten zusammengebunden. Sie hält mir das Buch ihres Vaters hin, legt es dann auf den kleinen Tisch.

»Ich dachte, das willst du vielleicht lesen.« Sie lächelt, auf einmal verlegen. »Und dann wollte ich sehen, wie es dir hier geht. In der kleinen Kammer.«

Ich bewege mich, was sofort zu einem Minischweißausbruch im Nacken führt. Auch, weil Marie sexy aussieht und ich mir vorstelle, was als Nächstes passieren könnte.

»Alles bestens.«

Marie sieht sich um, dreht sich. Das Zimmer ist fast klösterlich eingerichtet, nur das Bett, ein Stuhl, eine Truhe, der kleine Schreibtisch vor dem Fenster.

»Nun, es ist jedenfalls aufgeräumter als bei mir.«

Ich denke an Maries Zimmer, das breite Bett, das zerwühlte Bettzeug und bremse meine Gedanken sofort. Ihre Oma hat mich gebeten, hier in dem Zimmer zu bleiben, sie hat die Aufsicht über Marie. Ihr Vertrauen will ich nicht missbrauchen.

Marie beugt sich über den Schreibtisch aus dem offenen Fenster, das nach hinten in den Garten geht. Die knappen Shorts, die schlanken Beine. *Ich darf nicht auf ihren Hintern starren.*

Sie dreht sich zurück, schiebt sich auf den Schreibtisch, beugt sich vor, lässt die Beine baumeln. Jetzt ist es der Ausschnitt ihres Tops. *Nicht auf die Brüste sehen.*

»Meine Oma mag dich.«

»Ja?«, sage ich, streiche mein Haar aus der Stirn.

»Sie hat dir sogar verziehen, dass du nichts von ihrem Frikassee gegessen hast.«

»Ich hab es dir doch erklärt. Ich esse kein Huhn.«

»Nur Wild?«

Ich zucke mit den Schultern. Das mit dem Wild ist irgendwie auch vorbei.

Marie baumelt mit den Beinen, starrt auf den Boden, sieht dann auf.

»Hast du nicht Lust, die nächsten Tage hierzubleiben? Meine Eltern sind weg, wir können zum See fahren, meine Brüder lieben dich, und ich ... kann dich besser kennenlernen.«

»Besser kennenlernen?«, sage ich und blinzle. Es klingt unabsichtlich zweideutig.

Marie schiebt sich vom Schreibtisch, kommt auf mich zu, küsst mich leicht und fast nebenbei. Setzt sich neben mich aufs Bett, stützt sich nach hinten auf ihre Ellenbogen, den Kopf an die Wand gelehnt. Das Bett ist wirklich sehr schmal. Ich drehe mich zu ihr, versuche den Streifen Haut zwischen ihren Shorts und dem Saum ihres Tank-Tops zu ignorieren. Was unmöglich ist. Meine Lust killt mich.

Sie legt den Kopf schief, wartet auf eine Antwort.

»Musst du nicht morgen zu diesem Greenpeace-Treffen?«, frage ich.

Ein kleines Schulterzucken. »Ich nehme mir frei.«

Ich grinse. »Kann man sich vom Weltretten freinehmen?«

Sie richtet sich auf, legt ihre Lippen auf meine, ein langer Kuss. »Nur, wenn es wichtige Gründe gibt.«

Ja, ich will mit ihr schlafen, sofort. Ihre Küsse und der Geruch nach Sommer und Sonne, der mir aus ihrem Haar und ihrer Haut entgegenströmt, das alles sagt: Ja.

Doch etwas in mir weiß, dass es ein Fehler ist. Nicht wegen ihrer Oma, nicht wegen Timo oder ihren Eltern, sondern weil wir heimlich zusammen sind. Es Maries Freunden nicht sagen, meinen Freunden nicht sagen. Weil wir uns verstecken. Und das will ich nicht.

Mein Körper sieht das anders – so anders. Ich löse meine Lippen von ihren, meine Hand von ihrer Taille, richte mich auf, versuche meinen Atem zu beruhigen.

»Was ist?«, fragt Marie leise, der Blick verhangen, die Lippen leicht geöffnet.

»Es ist nicht, dass ich es nicht will …«

Ganz und gar nicht, doch es ist ein großer Schritt für mich.

Sie öffnet die Augen, auf einmal wachsam. »Aha.«

»Ich möchte, dass wir ganz richtig und offiziell …«

Ein überraschtes Lachen. »Heiraten?«

Ich habe sie tatsächlich verunsichert! Sonst ist es immer umgekehrt. Ich fahre mir nachdenklich über das Kinn.

»Heirat, hm. Das könnte ein Problem werden. Immerhin bist du eine Bürgerliche.«

Für einen Moment denkt sie, ich meine das ernst, dann stürzt sie sich auf mich, schlägt und kitzelt mich.

»Hey, aufhören!«

Wir schrauben uns auf dem Bett ineinander, kämpfen, rangeln, bis sie sich auf mich rollt und mich von oben herab triumphierend ansieht.

»Im Ernst«, sage ich und breite die Arme aus. »Ich will, dass wir es wir erst allen sagen, dass wir zusammen sind. Deiner Familie und meiner. Deinen Freunden und meinen. Dazu stehen. Außerdem habe ich deiner Oma versprochen …«

Marie verdreht die Augen, legt sich dann auf mich, den Kopf auf meine Brust, murmelt: »Und wie lange soll das dauern?«

»Ich fahre am Wochenende zum Camp der *Jungen Jäger*. Dann rede ich mit Hubert. Erzähl ihm von uns. Ich muss auch über die Jagd mit ihm reden. Und ich muss mit meinen Eltern sprechen und ihnen sagen, dass wir zusammen sind. Ich meine, deine Mutter ist immerhin die Journalistin, die meine Eltern verklagen wollten.«

Sie lässt sich von mir heruntergleiten, rollt sich unter meinem Arm ein. »Okay. Und ich rede mit Timo. Er muss dich, er muss *uns* akzeptieren. Und ich rede mit Molly und den anderen.«

9

Soundgarten

– Marie –

»Hey …«, sagt Ludwig auf diese Art, die ich mittlerweile so gut kenne und liebe. *Hey*, als ob er mich gerade erst getroffen hätte und erstaunt darüber wäre, wie gut ich ihm gefalle. Er streicht mein Haar zurück, wir stehen voreinander. Trennung. Jetzt. *Und wie?*

Fünf Tage waren wir, bis auf kleine Unterbrechungen, fast die ganze Zeit zusammen. Nur für Stunden getrennt, in denen Ludwig sich Sachen von zu Hause geholt hat. Und trotzdem kein Sex, was mir jetzt wie ein Wunder vorkommt.

»Viel Spaß mit den Jägern«, sage ich.

Ich frage nicht, ob er jagen wird, ob er sein Gewehr mitnimmt, ob er auf Tiere schießen wird. Er hat gesagt, er will es klären. Ich weiß nicht, wie ich empfinde, wenn er weiter jagt, aber ich weiß, dass ich erst entscheiden kann, wenn wir uns wiedersehen.

»Viel Spaß beim Konzert«, sagt Ludwig.

Wir umarmen uns, die Gesichter dicht voreinander.

»Ich bin festgewachsen. An dir«, sage ich und lächle.

»Und ich an dir«, sagt Ludwig ernst.

»Wenn du gehst, geht ein Stück von mir mit dir.«

Ludwig lächelt. »Und ein Stück von mir bleibt bei dir.«

Die Sonne steht schräg, als würde sie sich auch verabschieden, noch einmal mit ihrer letzten Abendwärme über uns streicheln.

»Ich werde dich vermissen«, flüstert Ludwig, seine Stirn auf meine gelegt.

»Ich vermisse dich jetzt schon«, sage ich.

Ich kann noch nicht einmal den Gedanken ertragen, dass wir gleich in unterschiedliche Richtungen wegfahren.

»Okay, tschüs«, sagt Ludwig und steigt auf sein Rad.

»Okay, dann geh doch«, sage ich und lächle, bis er zurückkommt und mich noch einmal küsst.

Seine rauen Lippen auf meinen, der Duft seines Aftershaves, ich will alles mitnehmen.

Wir steigen wieder auf unsere Räder, ein zweiter Versuch. »Gut, dann tschüs«, sage ich.

Er winkt und fährt dann schnell auf seinem Rennrad davon.

Es ist, wie ein Pflaster abzureißen: Schneller geht besser. Doch eigentlich weiß ich nicht, wie ich das aushalten soll? Fast zwei Tage, die ich Ludwig nicht sehen werde. Ohne seine Berührungen, ohne seine Küsse, ohne Diskussionen, ohne schweigend nebeneinander in der Sonne zu liegen. Weil das mit ihm geht. Warum mussten wir uns überhaupt trennen? *Wessen Idee war das?*

Dann beruhige ich mich. Nur zwei Tage, eigentlich nur ein ganzer Tag, das schaffe ich.

Der *Soundgarten* ist ein ehemaliger Schuppen, der nun eine kleine Bar ist, in der Getränke verkauft werden, eine Bühne mit professionellem Soundsystem und eine Art Biergarten zwischen Schuppen und Bühne. Im Sommer finden hier regelmäßig Konzerte mit kleinen Bands oder Solokünstlern bei freiem Eintritt statt. Meist versuche ich, eine Stunde früher da zu sein, um einen Platz zu ergattern, aber in diesem heißen Sommer ist es nie sehr voll, die meisten sind am Abend noch am See.

Molly sitzt allein an einem der Biertische. Sie trägt ein Kleid und ist leicht geschminkt. Wir umarmen uns, ich bleibe stehen, da ich gleich wieder zur Bar will.

»Was willst du trinken?«, frage ich.

»Such etwas aus«, sagt Molly.

Noch ist es leer an der Bar, ich hole Rhabarberschorle für Molly und mich, setze mich.

Das Erste, was sie sagt, ist: »Du warst Montag nicht da.«

Richtig.

Das Treffen der Jaggies. Aber was will sie? Ich fehle sonst nie und habe kurz vorher eine ganze Sonderveranstaltung organisiert.

Ich nehme einen Schluck Rhabarberschorle.

»Stimmt. Meine Eltern sind verreist, meine Oma ist da, alles etwas unruhig bei uns gerade.«

Molly mustert mich, meine feuchten Haare. »Kommst du gerade vom See?«

»Ja, bei dem Wetter geh' ich jeden Tag.«

»Wir auch«, sagt sie, und ich bin mir nicht sicher, wen sie damit meint. Die Jaggies? Timo und Max?

Ich nehme noch einen Schluck, setze die Flasche ab. Ich sollte es sagen. Dafür bin ich heute gekommen.

»Ich bin mit Ludwig zusammen.«

Einfach nur dieser Satz.

Molly nickt, als sei ihr das längst klar. Ich nehme ihre Hände in meine. Auf einmal will ich, dass sie es versteht, mich versteht. Diese Liebe, die einfach größer als alles andere ist.

»Ich bin total verliebt. Er ist ganz ... anders. Wir streiten auch, aber es ist trotzdem gut. Intensiv. Klar, am Anfang habe ich gedacht, wir sind zu verschieden. Aber ... es spielt überhaupt keine Rolle!«

»Aha, findest du?«, sagt Molly, und es klingt säuerlich.

»Ich meine, wir diskutieren schon viel ...« Eigentlich will ich es nicht erklären oder mich rechtfertigen.

»Und bist du jetzt nur noch mit ihm zusammen?«, fragt Molly.

»Ja, natürlich wollen wir uns erst mal kennenlernen. Ungestört, zu zweit. Und Timo ... du hast ihn ja erlebt. Er regt sich sofort auf und greift Ludwig an.«

»Weil er eifersüchtig ist.«

»Quatsch. Wir sind nur Freunde.«

Molly blinzelt unsicher.

Der Einfachheit halber verschweige ich, dass das nicht ganz stimmt. Timo und ich haben einmal miteinander geschlafen. Ein Versuch. Ich war betrunken und wollte endlich wissen, wie das ist. Sex. Aber so besonders war es nicht, und der Kater danach war schrecklich. Wir haben sogar zusammen darüber gelacht.

»Aber du ... du bist in Timo verliebt, oder?«, frage ich vorsichtig.

Molly wird rot.

»Hast du es ihm schon gesagt?«

»Das ist doch nicht so wichtig. Wichtiger ist ...«

»Was?«, frage ich, denn genau diese Frage stelle ich mir andauernd die letzten Tage. Was ist am allerwichtigsten? Dass wir für eine Sache kämpfen – oder uns lieben?

»Man muss die Sachen schon ernst nehmen, die man macht«, sagt Molly ernst. »Bei der Tierbefreiung zum Beispiel ...«

Ich stöhne. »Echt? Geht es jetzt wieder darum, dass ich ein Huhn mitgenommen habe? Ein Huhn. Dem es jetzt gut geht?«

»Ja, aber wir haben es anders abgesprochen.«

»Es war eine spontane Sache.«

Molly starrt zu der leeren Bühne. »Vielleicht ist das mit Ludwig ja auch nur eine spontane Sache ...«

»Nein, das ist was anderes.«

Das ist Liebe, will ich sagen. Tiefe Liebe, etwas, was ich so noch nie erlebt habe. Wenn wir uns nicht sehen, vermisse ich ihn. Wenn ich ihn sehe, bin ich der glücklichste Mensch der Welt. Das sind

Klischees, ich selbst hätte früher darüber gelacht, aber jetzt nicht mehr.

Ich trinke meine Schorle aus, am liebsten würde ich gehen.

»Also stört es dich nicht, dass er Jäger ist und ... so anders?«, fragt Molly.

Ich weiß, ich sollte wenigstens versuchen, es zu beschreiben. Diese Liebe. Einfach, damit das Fragen aufhört, aber vielleicht ist es wie mit dem Vegan-Leben. Die Fragen hören nie auf, bis die Mehrheit der Menschen vegan ist.

»Er kommt aus einer Familie von Jägern. Für ihn bedeutet es etwas anderes.«

»Aha.«

»Warum hast du ihn heute nicht mitgebracht?«

»Weil er auf ein Camp geht.«

»Ein Camp?«

»Ja, die *Jungen Jäger* machen so ein Umweltcamp.«

Nun ja. Umweltcamp ist freundlich ausgedrückt.

»Wird da gejagt?«

»Ich glaub schon.«

Sie nickt und schweigt. Und verurteilt mich.

»Kommen die anderen noch?«, frage ich, da ich keinen Sinn darin sehe, mich weiter mit Molly zu unterhalten, wenn sie mir nur Vorwürfe macht.

»Ja. Max, Timo, Robin und ein paar von den Jaggies.«

»Okay, gut.«

Ich sehe zur leeren Bühne. Und vermisse Ludwig.

– Ludwig –

Als ich auf meinem Rennrad in vollem Tempo in den Hof schleudere, steht Hubert schon an seinen Jeep gelehnt und wartet. Im Gegensatz zu Kasper, der mit dem Wagen seiner Eltern rumfährt, hat Hubert sich den Jeep selbst zusammengespart. Secondhand, von einem anderen Jäger, der in Rente gegangen ist. Gut erhalten, bis auf eine Beule an der Seite. Angeblich ist ihm ein Tier hineingelaufen, aber es sieht eher nach ungeschicktem Einparken aus.

Hubert hat das Hardtop abgebaut, aber das Softtop nicht hochgezogen. Alles frei, so fahre ich am liebsten.

»Ich hol' nur schnell meine Sachen«, sage ich, winke und renne ins Haus.

»Denk an den Jagdschein, Luis«, brüllt Hubert mir hinterher.

In Wirklichkeit habe ich noch gar nicht gepackt. Ich reiße meine Tasche vom Schrank, werfe sie aufs Bett und wahllos Sachen hinein. Das Sea-Sheperd-Shirt liegt frisch gewaschen und gebügelt auf meinem Schreibtisch, ich ziehe mein verschwitztes Shirt aus, Deo unter den Arm, greife mir das T-Shirt, während ich überlege, was ich noch brauche. Das Toilettenzeug ist noch in meinem Rucksack, den nehme ich sowieso mit. Warnweste, Stiefel, Trinkbecher? So ungeordnet, wie mir die Sachen einfallen, werfe ich sie in die Tasche. Mir fällt meine Flinte ein, eingeschlossen im Waffenschrank. Darf man sein eigenes Gewehr mitbringen? Muss man es mitbringen?

»Schön, dich mal zu sehen«, sagt meine Mutter freundlich und tritt in den Türrahmen. Sie hatte vermutlich Angst, dass ich nicht ins Camp gehe, nachdem ich die halbe Woche bei Marie war und nur aufgetaucht bin, um mir saubere Sachen zu holen.

»Brauchst du noch irgendwas? Habt ihr Proviant für die Fahrt?«

»Es sind nur anderthalb Stunden Fahrt.«

»Hast du deine Pillen?«

Die Pillen … Sie nimmt die Antidepressiva seit dem Tod meines Bruders mehr oder weniger regelmäßig. Unser Hausmittel. Für meine Mutter ist es eine Art Notruf-Nummer, die ich wählen kann, wenn es mir schlecht geht.

Aber ich will keine Pillen mehr. Sie machen mich gefühllos. Alles wird dann dumpf und eintönig. Alles fühlt sich gleich grau an. Als ob alles egal wäre. Was ich tue, was ich mache, was ich liebe. Aber es ist nicht egal. Ich will fühlen. Das Leben. Marie. Alles.

»Ja«, sage ich der Einfachheit halber.

»Jagdschein?«

»Dabei.«

»Dein Gewehr?«

»Ich will es mit Papa einweihen. Hubert leiht mir eins.«

Was nicht stimmt, aber ich will keine Diskussion darüber anfangen.

»Dein Jagdmesser?«

Sie geht zum Schreibtisch und reicht es mir. Erst jetzt bemerke ich, dass sie eine kleine Ledertasche dafür gekauft hat.

»So kannst du es am Gürtel tragen.«

Weil sie mich erwartungsvoll ansieht, ziehe ich einen Gürtel durch die Schlaufen meiner Shorts und hänge das Jagdmesser daran.

»Danke.«

Ich fühle mich leicht betäubt wie unter einer Droge. Ohne Marie. Als würde mir ein Körperteil fehlen oder wohl eher ein Teil meines Gehirns. *Hab' ich alles?*

Ich blicke mich suchend im Zimmer um.

»Woher ist eigentlich das T-Shirt?«, fragt meine Mutter, während ich mich hin und her drehe.

Ich sehe an mir herunter, als wüsste ich nicht, was ich anhabe. »Das hier? Habe ich mir letztens gekauft.«

»Was ist das für eine Organisation?«

»Tierschutz. Auf See.«

»Aha. Interessant.«

Mehr nicht.

Also packe ich meine Sachen zusammen, nehme die Tasche, meine Mutter trägt Schlafsack und Zelt zum Auto. Die Verabschiedung ist kurz und sachlich.

Ich schwinge mich in den Jeep, Hubert startet, wir winken. Durchatmen. Anderthalb Stunden Zeit, ein paar wichtige Dinge mit Hubert zu klären. Solange wir noch allein sind.

»Also? Wie war's? Ich will alles wissen«, sagt Hubert, kaum dass wir vom Hof gefahren sind, und grinst.

»Wir sind gerade erst zusammen. Noch kein Sex«, sage ich sofort, um das klarzustellen, weil ich sein zweideutiges Grinsen nicht ertrage.

»Aha. Thea? Die ist doch sonst nicht so ...«

»Nicht Thea. Sie heißt Marie. Ich habe sie im *Ásgeir*-Konzert kennengelernt.«

Ich lasse meinen Arm aus dem Beifahrerfenster hängen, aber selbst der Fahrtwind kühlt nicht.

»Kasper hat erzählt, dass ihr ein Pärchen mitgenommen habt. Die etwa?«

»Wieso?«

Hubert hat nur eine Hand am Steuer, die andere lässig auf dem Fenster abgelegt, sein Kopf fährt zu mir herum.

»Mann, Ludwig, echt? Das ist die, die bei uns am Stand war. Die hatten ihren Stand genau gegenüber. Hab ich dir doch erzählt. Sie wollte das Gewehr sehen und so. Greenpeace.«

Ich versuche mich zu erinnern. Hubert ganz aufgeregt, das Telefongespräch. »Hat Kasper gar nicht erzählt.«

»Na, er war sich erst nicht sicher.«

Mein Hals ist auf einmal trocken. Ich versuche mir Marie mit einem Gewehr in der Hand vorzustellen. Am Stand der Jäger.

»Die ist jedenfalls taff«, sagt Hubert und grinst. »Hey, wenn das ernst zwischen euch ist ... wer weiß, vielleicht wird sie Jägerin.«

Er lacht.

»Weiß nicht«, sage ich vage.

Eher nicht.

»Na klar, im Camp sind auch zwei Mädels dabei.«

Ich schweige und halte den Kopf in den Fahrtwind, rieche die Hitze, den Asphalt, die Felder. Vermisse Marie.

Wir gehören zu den Letzten, die ankommen. Ein großer Campingplatz am See, eine schöne Stelle. Auch Kasper ist schon da. Er kommt zu uns rüber, als Hubert und ich unser Zelt aufstellen, setzt sich mit einer Dose Bier ins Gras und sieht uns zu. Hubert und ich hantieren schweigend, Hand in Hand, wir sind ein eingespieltes Team.

»Und? Wie läuft es so bei euch?«, fragt Kasper versucht locker. Außer Hubert und mir hat er hier keine Freunde und wird sich wohl an den nächsten Tagen an uns hängen. An sich ist das okay, aber gerade muss ich noch ein paar Dinge mit Hubert klären. Nur mit Hubert, denn auf der Fahrt gab es noch keine gute Gelegenheit dazu.

»Hey, Ludwig, kann ich mal dein Gewehr sehen?«, sagt Kasper und sieht zu unseren Taschen, die wir auf der Wiese abgestellt haben.

Hubert wirft mir über das ausgebreitete Zelt einen Blick zu. Ich habe mein Gewehr nicht dabei. Er hat es vielleicht nicht beim Einpacken bemerkt, aber ganz sicher beim Auspacken.

»Nachher«, sage ich und halte Huberts Blick stand.

Ich bin erleichtert, als die anderen in den *Soundgarten* kommen. Obwohl Molly und ich schließlich nur Small Talk machen, fühle ich mich von ihr verurteilt. *Wie kann ich mit einem Jäger zusammen sein?* So ist es nun mal. Gefühle halten sich nicht an Regeln.

Max, Timo und eine kleine Gruppe von Jaggies setzen sich zu uns an den Biertisch, reden über das Treffen am Montag. Wir können uns ganz entspannt unterhalten, denn obwohl es längst sieben Uhr ist, hat die Band noch nicht angefangen.

»Hey, Marie, wo warst du am Montag?«, ruft mir Max über den Tisch zu.

Mit Ludwig am See.

»Ich hatte Besuch.«

Timos Blick schießt zu mir. Ich stehe auf.

»Hey, was wollt ihr trinken? Ich geb' eine Runde aus.«

Großes Gejohle am Tisch. Alle rufen mir ihre Bestellung zu.

»Ich helfe dir tragen«, sagt Timo und steht mit auf. Eigentlich ganz selbstverständlich, wir helfen uns ständig, aber ich weiß, er will ohne die anderen mit mir reden.

Es ist doch noch voll geworden. Wir stellen uns an der langen Schlange an, die an der Bar des *Soundgartens* beginnt und sich auf der gegenüberliegenden Seite des Schuppens weit über den Hof zieht.

»Du hattest Besuch?«, sagt Timo.

»Ja, meine Oma ist da, meine Eltern sind unterwegs.«

Er sieht mich an, die Augenbrauen zusammengezogen, seine sonst grauen Augen schimmern grünlich. Für eine Sekunde verstehe ich Molly, sehe Timo mit ihren Augen. Wie attraktiv er ist. Energisch, selbstsicher, fokussiert. Und ich sehe mich, wie ein loses Blatt im Wind, das sich von einem starken Baum losgerissen hat und gerade nicht weiß, wo es hingetragen wird. Dann ist der Moment vorbei.

»Max hat euch gesehen«, sagt Timo. »Dich und ...«

Als ob er den Namen vergessen hätte.

»Ludwig. Wo denn?«

»Ihr seid wieder rübergeschwommen.«

Unsere Stelle.

»Ja. Stimmt.«

Timo hat die Hände in den Hosentaschen seiner Shorts, ich wette, sie sind geballt.

»Hör mal, mir ist egal, mit wem du vögelst, aber dass du die Gruppe im Stich lässt, das finde ich mies. Mich hängen lässt. Wir haben den Film zusammen vorbereitet, und auf einmal seilst du dich ab.«

»Wir vögeln nicht miteinander«, sage ich. Ich mag das Wort nicht, und Timo weiß das. Aber zum ersten Mal bin ich froh, dass ich es sagen kann, weil es mit Ludwig nicht nur um Sex geht, um das gleich klarzustellen.

»*Whatever*!«

Timo reißt die Hände aus den Taschen. »Wenn du nicht mehr mitmachen willst, okay. Sag's einfach.«

»Moment mal. Ich habe *einmal* gefehlt.«

»Nein. Wo warst du gestern? Wir waren mit Robin verabredet. *Tierretter*. Er hat ne neue Aktion. *Du* wolltest unbedingt mitmachen.«

Ich erinnere mich. Aber nur sehr vage. Ich spüre, wie meine Knie weich werden, mein Blickfeld sich einengt. Wie konnte ich das vergessen? Ein Vorhang schließt sich, ich gleite weg, falle.

Am Boden komme ich wieder zu mir, ich liege in Timos Armen. *Wie lang war ich weg?*

»Ist die Hitze«, sagt Timo gerade zu einem bärtigen Typen, der einen Stuhl herangeholt hat. Timo hebt mich hoch, setzt mich auf den Stuhl.

»Wasser?«, bietet das Mädchen hinter mir an und hält mir mit einem mitleidigen Blick ihre Trinkflasche hin. Ich trinke aus Höflichkeit einen Schluck und gebe sie wieder zurück. *Ich will hier weg.* Ich spüre, dass die Ohnmacht zurückkommt, halte mich an Timo fest, der mich umarmt, mein Kopf liegt an seiner Schulter. Ich muss mehrmals tief einatmen, bevor ich mich erhole.

»Das hat ja gedauert«, sagt Molly.

»Da war ne lange Schlange«, sagt Timo nur und stellt das Tablett mit den Getränken ab.

Molly mustert mich. »Alles okay, Marie? Du bist so blass?«

»Kreislauf, geht schon wieder«, sage ich und setze mich. Meine Knie fühlen sich immer noch weich an, ich bin froh, dass ich sitze. Timo schiebt mir eine Fritz-Cola hin, Koffein hilft mir meistens, er weiß das.

Die Band steigt auf die Bühne und macht den Soundcheck. Klappern, Fiepen, ein paar Drumrolls auf dem Schlagzeug. Ich hoffe, sie fangen bald an, damit ich in den Sound eintauchen kann und niemand mir Fragen stellt.

»Hey, danke für die Getränke«, ruft Max vom anderen Ende des Tischs. Er hält seine Flasche hoch und in meine Richtung. Ich hebe meine weit über den Tisch, doch es reicht trotzdem nicht. Wir stoßen in der Luft miteinander an.

»Prost, Marie. Und, hey, kommt Ludwig noch?«

Ich weiß, es ist nett gemeint.

»Der ist verreist«, sage ich.

»Auf einem Camp«, ergänzt Molly.

Ich will noch etwas hinzufügen, über die Naturbeobachtungen und dass sie rudern werden und all die anderen Aktivitäten, abgesehen vom Jagen, von denen Ludwig mir erzählt hat, doch meine Wort gehen in den scheppernden Klängen der Punk-Rockband unter.

– Ludwig –

Der Mond scheint hell, aber ich leuchte trotzdem mit dem Handy den Weg zu unserem Zelt. Wir gehören zu den Ersten, die vom Lagerfeuer aufbrechen, denn wir hatten beide keine Lust mehr, uns die Sprüche anzuhören.

»Echt, Mann«, sagt Hubert mit schleppender Stimme.

Er hatte drei Bier und ist betrunken. »Der Wolf ist einfach ein Wildtier. Klar, reißt der Schafe, wenn man sie nicht richtig ...«

»... bewacht«, schlage ich vor.

»Einsperrt.«

»Der Wolf, also der Wolf ...«, sagt Hubert, bleibt stehen und hebt seine vierte Flasche Bier. »Der Wolf muss geschützt werden. Er holt sich die kranken Tiere, er bringt das Gleichgewicht ...« Er schwankt auf den Zelteingang zu, »wieder zurück. In die Natur. Jawoll.«

Ich öffne das Zelt, hole eine Isomatte und eine Halogenlampe heraus und lege sie vor den Zelteingang. Hubert setzt sich erstaunlich sicher, trinkt noch einen Schluck. Ich würde ihn gerne wieder nüchtern bekommen; wie soll ich so mit ihm reden?

»Hey! Was hältst du davon, wenn wir in den See gehen? Schwimmen?«

Hubert sieht mich mit großen Augen an. »Ich könnte absaufen. Ich bin so knülle ...«

»Nur bisschen erfrischen«, sage ich, weil es im Zelt so stickig ist, dass mir schon bei dem Gedanken an die Übernachtung der Schweiß ausbricht.

»Ooookay?«

Hubert steht auf, die Bierflasche, die er im Gras deponiert hat, fällt um, ein Teil des Inhalts spritzt auf die Isomatte, der Rest versickert im sandigen Boden. Besser so.

Wir campen nah am Ufer des Sees. Im Dunkeln habe ich kein Gefühl mehr dafür, wie groß er ist und wie sauber. Egal.

Ich reiße mir das T-Shirt über den Kopf, raus aus den Shorts, kicke die Turnschuhe ab. Hubert braucht etwas länger, schwankt auf einem Bein, als er sich aus der Hose dreht wie ein Fünfjähriger, der sich noch nicht ausziehen kann. Das Wasser ist am Ufer nicht tief, wir waten hinein, Hubert stolpert und fällt oder lässt sich fallen und sitzt schließlich mit dem Hintern im Wasser. Weiter wird er wohl nicht reingehen. Ich mache ein paar Züge in den dunklen See hinaus, auf dem das Mondlicht silbrig schimmert. Sofort denke ich an Marie, wie wir jeden Tag auf die andre Seite geschwommen sind. Unser Ritual. Und jedes Mal von drüben zurück auf die andere Seite gesehen haben, um uns etwas klarzumachen: Hier – dort. Getrennt durch Wasser. Aber man kann den See überqueren, von einer Seite auf die andere gelangen. Und zurück.

»Ey, Luis, schwimm-nich'-so-weit-raus!«, lallt mir Hubert hinterher. *Wird der überhaupt nicht mehr nüchtern?*

Ich komme zurück ans Ufer, gebe Hubert eine Hand und ziehe ihn hoch. Jetzt sehe ich, dass er seine Hose noch halb anhat. Sie hängt um seine Fußknöchel und schlurft hinter ihm her, als er ans Ufer kommt.

»Gehen wir zurück zum Zelt«, sage ich, aber Hubert wirft sich auf die Wiese und strampelt seine Hose und die Boxers gleich mit ab. *Okay, dann sind wir eben nackt.* Ich höre die anderen am Lagerfeuer singen und grölen. Niemand von denen sollte Hubert so sehen. Aber dann denke ich: *Auch egal.* Und wenn er nackt ist, werde ich es auch sein. Soll doch jemand kommen! Also ziehe ich meine

Boxers ebenfalls aus, wringe das Wasser heraus und setze mich neben Hubert, die Knie aufgestellt, die Arme darüber abgelegt. Hubert sitzt mit ausgestreckten Beinen neben mir.

»Du bist also verliebt«, sagt er und streicht sich das sandige Haar zurück. »Du hast jetzt ne Freundin.«

»Hey, Moment mal, wir haben uns gerade erst kennengelernt«, sage ich, obwohl es sich anders anfühlt, eher, als ob wir uns schon ewig kennen würden.

Er sieht mich an, das Weiß seiner Augen glänzt im Mondlicht.

»Alter, du bist verliebt. Volles Rohr.« Er schweigt kurz. »Und was ist mit mir?«

Wir sitzen am Ufer, bis Hubert aufsteht, seine Sachen zusammenknüllt und zum Zelt zurückwankt. Ich folge ihm. Er krabbelt nackt ins Zelt und lässt sich schwer auf seinen Schlafsack fallen.

Ich ziehe mir eine trockene Hose an, hänge unsere Sachen über die Zeltleinen und räume vor dem Zelt auf. Meine Isomatte stinkt nach Bier, ich säubere sie mit Wasser aus meiner Feldflasche, putze mir die Zähne. Ordnung gibt mir ein Gefühl von Sicherheit. Wenn alles an seinem Platz steht. Aber manchmal gibt es die alten Plätze nicht mehr. Alles ist neu, alles muss neu sortiert werden. Ich lege die Bierflasche an den Zelteingang, damit niemand darüberstolpert, erst dann krabble ich mit der Lampe ins Zelt.

Hubert hat sich trockene Boxerhorts angezogen, liegt auf seinem Schlafsack, die Arme hinter dem Kopf verschränkt. Wach. Ich richte meine Isomatte aus, ziehe den Schlafsack auf, obwohl ich nicht vorhabe hineinzuschlüpfen, lege mir mein Kapuzen-Shirt als Kopfkissen hin.

Okay, ich schinde Zeit.

»Du hast dein Gewehr nicht mitgenommen«, sagt Hubert sehr nüchtern.

»Ja.«

Es hat keinen Sinn, ihm zu erzählen, ich hätte es vergessen.

»Willst du nicht jagen? Wegen ihr?«

Ich setze mich auf den Schlafsack und drehe mich zu Hubert, denn ich muss sein Gesicht sehen. Weil ich aufgeregt bin, falte ich die Hände, presse sie zusammen und betrachte meine weißen Fingerknöchel.

»Es ist nicht wegen ihr. Oder auch. Es ist ... seit ich den Bock erschossen habe.«

Hubert richtet sich auf seine Ellenbogen auf.

»Weil du deinen Jagdschein noch nicht hattest? Hat es jemand rausgefunden? Deine Eltern? Ich habe dich nicht verraten. Und Kasper auch nicht.«

Ich atme aus.

»Nein, nicht deshalb. Ich weiß nicht. Es kommt alles zusammen. Ich brauche etwas Zeit.«

»Also gehst du nicht mit zur Jagd? Willst du abfahren? Jetzt?«

Hubert klingt verunsichert, was sicher daran liegt, dass er noch betrunken ist. So offen wäre er sonst nicht.

»Nein, ich komme mit. Aber ich habe mein Gewehr nicht dabei ...«

»Ich kann dir eins leihen, kein Problem.«

Ich sehe ihn an, schweige. Hubert presst die Lippen kurz zusammen.

»Okay, verstehe.« Er starrt eine Weile an die Zeltdecke.

»Wir können es so machen«, setzt er wieder an. »Wenn ich was schieße, nimmst du es aus.«

Hubert nimmt die Tiere nicht gern aus, und er kann es auch nicht besonders gut. Es ist immer eine riesige Schweinerei.

»Okay«, sage ich. »Deal.«

10

Sammler und Jäger

– Marie –

Es ist Samstagmittag, meine Oma hat gekocht, wir sind alle in der Küche. Ein Abend und ein Vormittag ohne Ludwig liegen hinter mir. Wie habe ich das überlebt?

»Mariechen, du musst mehr essen. Du bist so dünn! Das reicht nicht als Mittagessen.«

Meine Oma deutet auf die Selleriestange in meiner Hand.

»Du kannst doch nicht immer nur dieses Grünzeug essen.«

»Ich habe keinen Hunger«, sage ich abwesend.

Sie kommt zu mir ans Küchenfenster. »Weißt du, ich habe da so einen Artikel über Blutgruppen gelesen. Menschen, die die Blutgruppe Null haben, also die älteste Blutgruppe, haben es im Blut.«

»Was?«, fragt Peter. Blut ist immer interessant.

»Fleisch zu essen. Die ersten Menschen waren Sammler und Jäger.«

Als sie Jäger sagt, zucke ich zusammen. *Ludwig*. Noch ein ganzer Tag. *Wie soll ich das aushalten?* Ich überlege, ob ich die Stunden zählen soll. Draußen scheint die Sonne, wenn er da wäre, wären wir bestimmt zusammen am See.

»Marie!«

Ich sehe auf.

»Welche Blutgruppe hast du?«

Keine Ahnung.

»Ich meine, du bist ja nicht blass.«

Wie auch? Ich habe die letzten Tage mit Ludwig in der Sonne gelegen. Und meine Haut wird schnell braun. Ludwig ist blasser, aber in den letzten Tagen hat seine Haut einen goldfarbenen Teint angenommen. Ich muss lächeln, als mir einfällt, wie verlegen er geworden ist, als ich einmal mein Bikinitop ausgezogen habe, um mich zu sonnen. Dabei sind fast alle nackt am See. Vielleicht wollte ich ihn auch nur herausfordern. Kein Sex, bis wir mit allen geredet haben? *Folter!*

Doch tief in mir weiß ich, dass er recht hat. Ich will auch nichts überstürzen. Vor allem muss ich mit Timo reden. Obwohl das gar nicht so einfach ist. Er ist sauer. Gestern Abend im *Soundgarten* ist er früher gegangen und hat sich noch nicht mal von mir verabschiedet.

Meine Oma legt ihre Hand auf meinen Rücken. »Soll ich dir ein Brot machen? Mit Margarine. Ich weiß ja: keine Butter.«

»Nein, schon okay«, sage ich und sehe in den Vorgarten, als könnte Ludwig plötzlich dort auftauchen. Wie vor zwei Wochen.

Mein Handy vibriert auf der Küchenablage, ich angle nach dem Handy. Eine Nachricht von meiner Mutter.

Hier alles gut. Kommt ihr klar? Mama

Ich schreibe eine kurze Antwort, füge einen Haufen Emojis hinzu, schicke sie ab und bleibe einen Moment so stehen, das Handy in der Hand.

Ludwig und ich haben ausgemacht, dass wir uns nicht anrufen und auch keine Nachrichten schicken. Er war sich nicht sicher, wie gut das Netz in der Gegend ist oder ob sie ihre Handys nicht vielleicht sogar abgeben müssen, weil es ja ein Naturerlebnis sein soll.

Vermutlich würden wir sonst ständig miteinander skypen. So ist es klarer. Trotzdem hoffe ich auf eine Nachricht von ihm und lasse mein Handy nicht aus den Augen.

Ich lege den Kopf in den Nacken und überlege, ob ich heute Nachmittag zu der Party von Max gehen soll. Seine Eltern sind verreist, er hat das Haus für sich. Alle wollen hingehen.

»Wann kommt Ludwig denn wieder?«, fragt Paul.

Ich drehe mich zu meinen Brüdern, die am Küchentisch sitzen und über die Würstchen herfallen, die meine Oma gemacht hat. Ich frage mich, wann ihnen auffällt, dass es Veggiewürstchen sind. *Mit den richtigen Gewürzen schmeckt alles nach Fleisch.*

»Sonntagnachmittag«, sage ich, und Paul stöhnt, als wäre es sein Freund.

Aber ich verstehe ihn. In den letzten Tagen ist Ludwig zu einem Teil der Familie geworden. Er hat mit meinen Brüdern beim Frühstück herumgealbert und sich abends mit meiner Oma unterhalten, die sogar angefangen hat, vegan zu kochen, damit wir alle gemeinsam das Gleiche essen können. Ich bin also nicht die Einzige, die Ludwig vermisst, aber vermutlich die Einzige, die die halbe Nacht wach liegt und an ihn denkt.

»Ich gehe gleich noch zu einer Party. Da gibt es was zu essen«, sage ich.

Ein spontaner Entschluss. Denn hier drehe ich durch.

Max wohnt in einem Einfamilienhaus in Babelsberg, ganz in der Nähe. Auf dem Weg formuliere ich, wie ich es Timo erklären werde: *Ich bin mit Ludwig zusammen. Es ist ernst. Als mein Freund solltest du das respektieren.* Oder nein, nicht: *solltest du*. Besser: *Ich würde mir wünschen, dass du das respektierst*. Als mein bester Freund. Er ist nicht so wie die anderen Jäger!

Oder?

Selbst wenn er ein Jäger ist – *ich liebe ihn.*

Ich mache einen überraschten Schlenker mit dem Rad – habe ich das wirklich gerade gedacht? *Liebe?* Nicht nur: Verliebtheit, Schwärmerei? Kann ich das jetzt schon wissen?

Timo, würde ich mich mit einem Jäger treffen, wenn es mir nicht wirklich ernst wäre?

Aber was ist mit deinen Werten?, höre ich Timo sagen. *Du bist Veganerin, er tötet Tiere!* Oder Molly. Oder alle Jaggies.

Ich stoppe vor Max' Haus, atme tief ein. Egal, was sie sagen werden, ich stehe zu Ludwig.

Das Haus ist eher klein, der Garten riesig und im hinteren Bereich verwildert. Es sind vielleicht fünfzig Leute da, wenn ich die im Haus und in den Gebüschen mal grob mitschätze. Die meisten sind Jaggies. Heute und hier werde ich es klären: *Marie liebt einen Jäger*.

Nicht, dass ich vorhabe, das so zu sagen. Aber ich muss es mir so klar sagen, denn genau das denken die anderen.

»Hey!«

Max entdeckt mich, wir umarmen uns.

»Cool, dass du gekommen bist. Ich dachte schon, ihr lasst mich alle hängen.«

»Alle?« Ich drehe mich. »Sind doch viele da.«

»Ja, aber die meisten kenn' ich gar nicht. Weißt du, ob Timo noch kommt?«

»Ich dachte, er ist schon da. Ist Molly irgendwo?«

Max seufzt.

»Was?«

»Sie hat gesagt, sie kommt. Aber vielleicht macht sie was mit Timo.«

Ich schweige, denn es macht vermutlich keinen Sinn, Max zu erklären, wie sehr Molly in Timo verliebt ist. Das weiß er sicher. Oder dass Timo nur sauer auf mich ist und mir vielleicht beweisen will, dass es noch andere Freundinnen gibt, mit denen er seine Aktionen machen kann. *Großartig*!

»Ich muss dir was erzählen«, sage ich.

»Ja«, sagt Max und klingt besorgt.

Keine Angst, es geht nicht um Molly.

»Es ist echt verrückt, ich weiß, aber ... erinnerst du dich an Ludwig? Der letztens am See mit uns war, beim Vegan-Meet-up?«

»Ihr seid zusammen, oder?«, sagt Max ganz unkompliziert.

»Ja. Ich ... habe mich in ihn verliebt.«

»Das sieht man«, sagt Max und lächelt. »Ihr passt gut zusammen.«

»Stört dich nicht, dass er ... jagt?«

»Wieso soll es mich stören? *Du* bist doch mit ihm zusammen. Warum hast du ihn nicht mitgebracht?«

»Er ist auf einem Jägercamp.«

»Also sind wir beide allein.« Max grinst. »Hey, dann betrinken wir uns jetzt gemeinsam. Wein ist vegan!«

»Eigentlich nicht ...«, sage ich, als wir zusammen zu dem Tisch auf der Terrasse gehen. Dort stehen Bier, Saft, Wasser und ein paar Flaschen Wein, die aussehen, als hätte Max sie aus dem Weinkeller seiner Eltern geholt.

»Was? Wein ist nicht vegan? Wieso das denn?«

»Hast du Molly beim *Meet-up* gar nicht zugehört?«

»Na, logisch. Jedes Wort. Und ich war vermutlich der Einzige. Aber nichts über Wein.«

Ich nehme eine Rotweinflasche vom Tisch und halte sie Max hin. »Bei der Weinherstellung werden tierische Klärmittel eingesetzt, damit der Wein nicht trübe aussieht. Schweinescharten, Knorpel, Knochen vom Rind oder die Schwimmblasen von Fischen.« Ich reiche ihm die Flasche.

»Prost!«

Max zieht den Korken heraus, nimmt einen Schluck direkt aus der Flasche und grinst. »Und erst die kleinen Käfer, die auf den Trauben sitzen und mitgeerntet werden ...«

Er reicht mir die Flasche. Der Wein ist schwer, schmeckt nach Weinfass, Zimt und Trauben und steigt mir sofort in den Kopf.

»Wow!«

»1980er Tölpinger Bioflischfalsch aus dem Niederoberunterelsass. Die Flasche hundert Euro!«

Ein weiterer Schluck.

»Und was sagen deine Eltern dazu?«

Max lächelt und reißt die Flasche hoch. »*Carpe diem*!«

– Ludwig –

In meinem Kopf hake ich jeden Programmpunkt ab.

Gestern Lagerfeuer: *erledigt*. Im Zelt reden mit Hubert: *geschafft*. Heute Vormittag Paddeltour: *zu Ende gebracht*. Als ob es ein Pflichtprogramm und kein Vergnügen wäre.

Jetzt sitzen wir zum Mittagessen an Bierbänken und stärken uns für den letzten Programmpunkt: *die Jagd*.

Kasper hält eine Kelle mit Wildgulasch hoch.

»Hubert?«

Hubert winkt ab. Er ist blass. Fünfzig Prozent Kater, fünfzig Prozent Überanstrengung beim Paddeln.

»Und du, Luis?«

»Nein, danke.«

Ich reiße ein Stück von der Baguettestange ab, die auf dem Tisch liegt. Ich bin noch satt vom Frühstück, und über mehr will ich gerade nicht nachdenken.

Die Jagdhornbläser stellen sich etwas abseits und stimmen ihre Instrumente, dann blasen sie zur Jagd. Ich liebe den Klang, der sofort ein vertrautes Gefühl von Aufregung und froher Erwartung in mir auslöst. Es gibt vieles, was ich an der Jagd mag und auf das ich mich auch jetzt wieder freue: das Beobachten der Tiere, den Geruch im Wald, die Vogelstimmen, das lange Ansitzen auf dem Hochsitz. Ich mag auch das Streckelegen danach. Wenn die Tierkörper nebeneinander aufgereiht werden, einen Zweig im Maul, und die Strecke verblasen wird. Die Wertschätzung, der Moment, der den Unterschied macht. Weil es nicht um das bloße Töten von Tieren geht, sondern um mehr. Das Ritual. Eine Verbindung zwischen Jäger und Gejagtem, der Pakt. Ich mag die Ruhe, die dann einkehrt. Denn der Wald braucht die Jagd und die Jäger. Und dann zweifle ich wieder.

Auch am Mittagstisch das Gespräch über Wölfe. Oder der Streit. Treten die Wölfe an die Stelle der Jäger? Macht das einige so wütend? Eifersüchtig? Oder haben wir die Natur schon so gründlich durcheinandergebracht, dass es dieses Gleichgewicht sowieso nicht mehr gibt und wir nur ständig versuchen, die Fehler, die wir gemacht haben, mit neuen Fehlern zu korrigieren. Wölfe aussetzen. Die nun die Schafe der Schäfer reißen. Und nicht das Wild, das die Stecklinge im Wald frisst.

»Luis?«

Hubert stößt mich an. Erst jetzt fällt mir auf, dass wir die Letzten am Tisch sind.

»Der Bus fährt in einer halben Stunde.«

Wir wechseln am Zelt Shorts und kurze T-Shirts gegen lange Hosen und langärmelige T-Shirts und die Turnschuhe gegen feste Schuhe ein.

»Hey, zeig mal«, sagt Hubert, als ich mir den Gürtel mit dem Jagdmesser umschnalle. Ich nehme es aus der Ledertasche, klappe es auf. »Von meinem Opa.«

Er dreht es in der Hand. »Schöner Griff, liegt gut in der Hand.«

Ich packe mir dünne Gummihandschuhe fürs Ausnehmen ein. Mit toten Tieren kann ich umgehen. *Etwas in Ordnung bringen, was jemand anderes vermasselt hat.* Ich wundere mich über den Gedanken. *Vermasselt?* Ich weiß, dieser Gedanke hat nichts mit der Jagd zu tun, sondern mit etwas anderem. Meinen Eltern, meinem Bruder, seinem Unfall, dem Umzug, den Versuchen, etwas in Ordnung zu bringen, was nie wirklich als Fehler, als Katastrophe angesehen wurde. Aber konnte ich das wirklich in Ordnung bringen? Eigentlich nicht.

Wir steigen in den Bus und setzen uns zu Kasper.

»Wo ist dein Gewehr?«, fragt er mich.

»Wir haben heute Arbeitsteilung«, antwortet Hubert an meiner Stelle.

Unser Gruppenleiter geht herum und kontrolliert die Jagdscheine. Ich zeige meinen vor und stecke ihn wieder weg. Bisher falle ich nicht auf.

Vorne im Bus steht der Leiter der Landeswaldoberförsterei. Bevor wir abfahren, weist er uns in das Gebiet ein. Hubert hängt an seinen Lippen. Ich höre nur halb zu, sehe aus dem Fenster. *Nur noch dieser Abend.*

Wir steigen im Waldgebiet aus. Ich sauge den Geruch aus Baumharz und Erde ein, ich liebe den Wald. Unsere neonorangenen Warnwesten oder Jacken, die wir trotz der Wärme tragen, bilden den üblichen starken Kontrast zu dem dunklen Grün der Bäume. *Wir gehören hier nicht hin.*

Die Gruppe wird aufgeteilt. Kurze Anweisungen, nur Schwarzwild ist heute freigegeben, der Treffpunkt ist nachher am Forsthaus, wo auch die Strecke gelegt wird.

Hubert, Kasper und ich tun uns zusammen und finden schnell einen Hochsitz, auf dem wir ansitzen können. Von hier hat man einen guten 360-Grad-Blick über das nicht sehr dicht bewachsene Gebiet. Viele Bäume sind frisch angepflanzt. Es ist noch hell, zwei Stunden bis zum Sonnenuntergang. Kasper und Hubert holen ihre Gewehre heraus, polieren die Läufe, reinigen sie, kontrollieren die Ladung. Das alles erinnert mich an den Abend, als ich den Rehbock geschossen habe. Ich denke nicht gerne daran. Was mich am meisten stört, ist nicht, dass ich ihn getötet habe, sondern dass ich nicht nüchtern war. Als ob es ein Spaß gewesen wäre, den man sich gönnt, und nicht eine ernste Aufgabe oder Pflicht. Die falsche Haltung. Und jetzt, hier? Wir haben uns eine Jagdpacht geholt, dürfen hier also jagen, weil jemand anderes sein Gebiet freigegeben hat. Jemand, der vielleicht nicht selbst zum Jagen kommt, aber trotzdem die Abschussraten erfüllen muss. Heute also nur Schwarzwild. Eine Hand wäscht die andere. Mein Vater macht das auch, unser Waldgebiet ist einfach zu groß, um es allein zu bejagen.

Und? Haben wir jetzt unseren Spaß?

Ich sehe zu Hubert und Kasper, die mit gesenkten Stimmen über ihre Waffen fachsimpeln, nehme das Fernglas aus meiner Jagdtasche und hoffe, es taucht kein Schwarzwild auf. Einfach nur das Damwild beobachten, das würde mir für heute reichen.

»Ey, schau mal«, flüstert Kasper und deutet auf eine Gruppe von Damwild, das langsam äsend aus dem Wald auf die Lichtung direkt vor uns tritt.

Ich nehme das Fernglas hoch und beobachte die Gruppe. Es ist keine Familie, es ist eine lose Gruppe von fünf jungen Tieren.

»Sie wissen, dass sie heute nicht auf der Abschussliste stehen«, sagt Hubert und grinst.

Ich nicke. »Sie haben eine Wanze in unserem Bus installiert.«

»Was?«, flüstert Kasper. »Wieso Wanze?« Aber wir gehen beide nicht auf ihn ein.

»Jetzt würde ich hier gerne ein Drohne hochjagen und sehen, wer wo ist«, flüstert Hubert.

»Oder die Karte der Herumtreiber aufklappen.«

»Was?«, zischt Kasper.

»Harry Potter«, sage ich. »Hey, vielleicht steht dein Patronus da jetzt auf der Lichtung.«

Er sieht mich irritiert an. »Seid ihr noch betrunken?«

»Nur Luis«, murmelt Hubert. »Deswegen schießt er nicht.«

Das ist Unsinn, aber ich kommentiere es nicht, sondern sehe weiter durchs Fernglas. *Wie schön die Tiere sind!* Zu Weihnachten hat mir meine Mutter ein Buch geschenkt. *Brehms ausgestorbene Tierarten*. Da waren viele Tiere abgebildet, die ausgestorben sind. Oder durch den Menschen ausgerottet wurden. Werden meine Kinder, Enkel und Urenkel noch Damwild in freier Natur beobachten können?

Die Damwildgruppe reckt auf einmal die Köpfe und springt zurück in den Wald. Irgendetwas ist los. Ihr feines Gehör ist besser als unseres. Kurz darauf hören wir es auch. Geräusche, die eindeutig nicht in den Wald gehören. Pfeifen und Rasseln und ein blecherner Klang, als würden Topfdeckel gegeneinandergeschlagen.

»What the fuck«, schnaubt Hubert. »Soll das ein Witz sein?«

Die Geräusche werden lauter, eine Gruppe.

»Vielleicht arbeiten sie hier im Wald«, überlegt Kasper.

»Unsinn, dann wäre hier alles abgesperrt«, sagt Hubert und deutet auf die Schießscharte auf der anderen Seite. »Schau mal dort nach.«

Ich wende mich zur Seite, sehe durch mein Fernglas, doch ich weiß nicht genau, wonach ich Ausschau halten muss. Andere Jäger? Eine dilettantische Treibjagd? Jugendliche Randalierer im Wald? Betrunkene Touristen? Dann erkenne ich die kleine Gruppe. Drei Leute, in grünen T-Shirts mit Trillerpfeifen und Rasseln und Ästen, die sie gegen Töpfe schlagen.

»Ich hab' sie.«

Hubert schiebt sich mit seinem Fernglas neben mich.

»Sind die verrückt, die haben ja noch nicht mal Warnwesten an.«

»Vielleicht machen sie deshalb Krach«, sage ich, doch im gleichen Moment erkenne ich einen. Robin. Robin, der Tierretter. Und Timo. Das Dritte könnte von der Größe und Statur her ein Mädchen sein. *Marie?* Ich spüre Scham und Wut und eine Leere, die sich so plötzlich in mir breitmacht, dass ich am liebsten abtauchen möchte, mich auflösen.

»Was ist?«, fragt Hubert, als ich in meiner Jagdtasche nach dem Handy suche.

»Hey, Hubi, komm hier rüber«, flüstert Kasper.

Ich wähle ihre Nummer, lasse es klingeln, bis die Mailbox anspringt. Halte das Handy aus dem Hochstand in Richtung der Gruppe, nehme die Geräusche auf, die harmloser klingen, wenn man nicht weiß, wo ich sie aufgenommen habe. Dann wechsle ich zu WhatsApp.

Bist du hier? Seid ihr alle hier?

Und schicke die Nachricht ab.

»Lasst die Tiere leben«, ruft eine Mädchenstimme.

Molly?

Rascheln von Laub, Rennen, Aufregung, Rufen. Dann fällt ein Schuss, und alles kommt zur Ruhe. Der Krach, das Trillern, das

Schlagen und Rufen. Ein Moment der Stille breitet sich unangenehm und unheilvoll aus. Ich reiße den Kopf herum und sehe Hubert, der sein Gewehr absetzt.

– Marie –

»Nein, nein, nein, so musst du das machen«, nuschelt Max, der mir gegenüber am Biertisch sitzt. Er macht es mir noch einmal vor: Den Bierdeckel an die Kante legen, ihn von unten hochschlagen, sodass er sich in der Luft mehrmals wie ein kleiner Propeller dreht, dann mit Daumen und Handfläche zuschnappen. Nur, dass Max ständig daneben greift. Ich muss kichern, weil ich auch betrunken bin.

»Großartig. Der Meister kann's auch nicht.«

»Warte, warte, warte …«, sagt Max, der jedes Wort dreimal wiederholt, um Zeit zu schinden. Keine Chance.

Ich lege meinen Bierdeckel an die Kante, schlage den Deckel hoch, der weit über unsere Köpfe fliegt, schnappe zu. »Yes!«

Ich veranstalte einen kleinen Tanz und greife nach der Weinflasche. Ein Siegerschluck.

»Das war Schiiiiebung«, protestiert Max.

»Das war geniaaaaal!«

Mein Handy vibriert auf dem Tisch. Ich weiß nicht mehr, warum ich es herausgelegt habe. Vielleicht, weil ich dreimal kurz davor war, Timo anzurufen. Oder Molly. Und Ludwig nicht anrufen darf.

»Dein Liebster«, sagt Max mit einem Blick auf das Display. Ich erstarre. *Ludwig?* Warum? Ich betrachte das Handy. *Nein, nein, nein, das ist gegen die Abmachung.* Außerdem bin ich betrunken. Beides ist nicht gut. Das Klingeln hört auf.

»Willst du nicht rangehen?«, fragt Max und zieht die Augenbrauen in dem Versuch hoch, nüchtern zu erscheinen.

»Eh zu spät.«

Ich nehme das Handy trotzdem auf und starre es an. Überlege zurückzurufen, als mir eine Voicemail angezeigt wird.

Ist was passiert?

Ganz ruhig.

Meine Knie sind weich, ich muss mich setzen. Ich kehre Max den Rücken zu, als ich die Nachricht abhöre.

Im ersten Moment denke ich, es ist eine Störung, dann begreife ich, dass es nur das ist. Mehr nicht: Ein Rasseln, Scheppern und Pfeifen. Ludwigs Handy muss aus Versehen angegangen sein und hat irgendwelche Geräusche aufgenommen. Kochen vor dem Zelt, ein Volleyballspiel im Hintergrund. *Habt Spaß!* Ich reiße den Arm hoch, um so zu tun, als hätte ich das auch. *Spaß*. Hier mit Max, mit dem ich mich seit einer Stunde langsam volllaufen lasse, weil weder Timo noch Molly aufgetaucht sind. *Verräter!*

Es macht *Pling,* eine WhatsApp-Nachricht. Vielleicht Ludwig, der sich entschuldigt. *Ich nehme alles!*

Bist du hier? Seid ihr alle hier?

Ich verstehe gar nichts mehr. Wo ist hier? Ein ungutes Gefühl steigt in mir auf. Irgendetwas stimmt nicht. Auf einmal kommt es mir nicht mehr sehr wahrscheinlich vor, dass Molly und Timo ganz zufällig nicht gekommen sind.

Seid ihr alle hier?

Ich stehe auf und schwanke leicht, beuge mich über den Tisch zu Max.

»Hast du ein Auto? Wir müssen fahren. Zu diesem Camp.«

Max blinzelt. »Erstens: neieeeen. Zweitens: Ich bin betrunken. Und du auch. Was isssn los?«

Ich wähle Ludwigs Nummer. Vielleicht verstehe ich ja auch nur alles falsch und die Nachricht war gar nicht an mich gerichtet. Ich lasse es unendlich lange klingeln, aber niemand geht ran.

Ich weiß, wen ich jetzt anrufen sollte. Nur um sicherzugehen. Wovon mich mein Stolz die ganze Zeit abgehalten hat. Doch jetzt muss es sein. Ich nicke Max zu.

»Ich rufe Timo an, du versuchst es bei Molly.«

»Wieso denn?«, sagt er, holt aber trotzdem brav sein Handy heraus. Wir wählen synchron, warten, sehen uns dann an.

»Nur die Mailbox«, stellen wir beide fest.

Ich spüre Übelkeit in mir hochsteigen, auch wegen des Alkohols.

»Ich muss mal ...«

Ich stolpere bis zum Haus und durch die Terrassentür. Hier kenne ich mich nicht aus, öffne die Tür zu einem Esszimmer, zur Küche, überlege, ins Spülbecken zu kotzen, und sehe dann doch noch, wie sich die Tür zu einem kleinen Gästeklo öffnet und ein Mädchen herauskommt. Ich ignoriere die zwei Mädchen, die warten, dränge mich hinein, schließe die Tür und übergebe mich. Da ich nicht viel im Magen habe, ist es im Wesentlichen Flüssigkeit, und eine halbverdaute Selleriestange. Ich würge weiter, ohne Kontrolle, der Magen wehrt sich, hat aber nichts mehr zu bieten, außer einem feinen Faden Schleim. *Erbärmlich.*

Ich richte mich zitternd auf, klappe den Klodeckel zu und setze mich darauf. Am liebsten würde ich mir den Mund auswaschen, aber sobald ich das Wasser laufen lasse, werden sie draußen denken, ich bin gleich fertig und klopfen. Das Gleiche gilt für die Klospülung. Ich brauche einfach noch einen Moment.

Ich nehme mein Handy heraus, wähle Ludwigs Nummer, einmal, zweimal, dann Timos Nummer. Die Mailbox. Leicht ernüchtert kommt mir mein Verhalten überzogen vor. Was soll schon sein? Vielleicht schläft Timo gerade mit Molly, und Ludwig läuft fröhlich im Wald herum, während ich mir irgendetwas zusammenspinne.

Ich stehe auf, betätige die Spülung, wasche mir die Hände, spüle mir den Mund aus und reibe die Zähne mit etwas Zahnpasta ein, um den bitteren Geschmack loszuwerden.

»Sorry!«, sage ich zu den Mädchen draußen.

Die eine kenne ich von den Treffen der Jaggies, die andere starrt auf ihr Handy und nimmt meine Entschuldigung gar nicht wahr.

Pling höre ich es in meiner Tasche und von dem Handy in der Hand des Mädchens. Ich ziehe mein Handy heraus und trete an die Terrassentür, da ich mich kurz anlehnen muss. Das Licht im Garten hat abgenommen, in der Dämmerung verschwimmen die Farben zu einem hellen Grünblau. Überall stehen Leute und starren auf ihre Displays, die ihre Gesichter bläulich erleuchten. Einige raunen, andere halten sich erschrocken den Mund. Als ich in den Garten komme, heben ein paar die Köpfe in meine Richtung. *Etwas ist.* Ich sehe auf mein Handy, eine WhatsApp-Nachricht von Timo, ein Video, doch ich muss mich erst setzen. Mein Körper fühlt sich weich und zerbrechlich zugleich an, ich bin froh, dass ich an der Biertischkante Halt finde. Max sitzt mir gegenüber und hält mir sein Handy hin.

»Hast du die Nachricht auch bekommen? Von Timo? Soll ich mal öffnen?«

Weil es einfacher ist, sehen wir das Video auf Max' Handy. Es ist mir lieber, als ob ich dann weniger damit zu tun hätte.

Max spielt das Video ab. Es ist am Anfang verwackelt und unscharf, irgendwo im Wald aus einem Hinterhalt oder Versteck aufgenommen. Es zeigt zwei Jungs mit neonorangenen Warnwesten, die im Wald um etwas herumstehen. Ein Dritter hockt. Einer trägt eine Flinte, ich erkenne ihn: Hubert. Der andere wird Kasper sein, der Hockende – Ludwig? Da die anderen beiden ihn abdecken, ist er schlecht zu erkennen.

Ein Pfiff, Hubert und Kasper drehen sich um und geben den Blick frei. Das Bild zoomt heran.

»Ach du Scheiße«, raunt Max und rückt näher an das Display. Ich weiche eher zurück, denn ich muss nicht viel mehr sehen. Will es auch nicht.

Ludwig hat nie von der Jagd erzählt, ich wollte nie etwas hören. Nichts von allem, was dazugehört. Nach dem Schuss, denn weiter habe ich nie gedacht oder mir Gedanken darüber gemacht, wie das Tier aus dem Wald auf den Tisch bei Ludwigs Familie kommt. Was mit den Eingeweiden passiert, wie das Fell verschwindet, wie aus einem Tierkörper ein Stück Fleisch oder Schinken wird.

»Krass, der kann das echt«, sagt Max und sieht dann entschuldigend auf. »Ich mein' ja nur ...«

Eine der Jaggies kommt auf unseren Tisch zu, ich erkenne sie, es ist das Mädchen, das beim vorletzten Treffen neu war. Sie stellt sich vor uns, stemmt die Hände in die Seiten.

»Sollten wir das Video nicht hochladen? Was denkt ihr? Haben die Jaggies nicht einen YouTube-Kanal?«

Ich lege meine Hände auf die Tischplatte und meinen Kopf darauf ab. Wenn es mir besser gehen würde, könnte ich all das in Alkohol ertränken. So halte ich es einfach nur aus.

– Ludwig –

Hubert lacht. »Ey, eigentlich sollten wir uns bei den Idioten bedanken.«

»Wie bei einer Treibjagd«, sagt Kasper, und seine Stimme überschlägt sich vor Aufregung. »Die kamen hier im vollen Lauf angerannt. Echt, das waren fünf oder sechs. Mann, so'n Mist, dass ich mein Gewehr nicht im Anschlag hatte.«

»Eine Sau reicht«, sagt Hubert.

Ich versuche, mich auf ihre vollkommen nebensächlichen Worte zu konzentrieren, das aufgeregte Geplapper, und nicht das, was ich tue. Die rote Arbeit. Ein toter Tierkörper ist etwas anderes, das habe ich immer gesagt, aber dieser hier ist warm und weich, ich spüre das Leben noch in ihm.

»Du kannst das doch auch später machen«, sagt Kasper. »Ist doch nur Schwarzwild.«

Okay, ja, ich weiß. Das Aufbrechen beim Schwarzwild muss nicht sofort erfolgen, aber ich will das. Ich will es hinter mich bringen. Damals, als ich den Rehbock geschossen habe, hat Hubert es für mich gemacht, weil ich es nicht konnte. Ich habe geschossen, aber das Tier nicht versorgt, es nicht richtig zu Ende gebracht. Auch das hängt mir nach. Irgendwie habe ich das Gefühl, jetzt kann ich das auf eine seltsam verschlungene Art wiedergutmachen, indem ich das Schwarzwild aufbreche, das Hubert geschossen hat. Und damit allem ein Ende setzen. *Ich bin quitt mit dem Töten, ich habe es ausprobiert, ich habe alles gemacht, in der richtigen Reihenfolge, jetzt lasst mich in Ruhe.*

Die Prüfung fällt mir ein.

Der Jäger öffnet die Bauchdecke des Wildes und entfernt vom Kehlkopf bis zum Enddarm den Aufbruch. Die Innereien.
- Warum ist das wichtig?
Es reduziert die Körpertemperatur schneller und schließt mögliche Verunreinigungen durch Fäkalien oder Galle aus.

»Grabt schon mal ein Loch«, sage ich.

- Wie wird der Aufbruch beim Schwarzwild entsorgt?
Er wird in 0,5 m verdichtetem Erdreich über dem Material vergraben.

Kasper und Hubert hocken sich auf die Knie und graben mit den Händen. Der Geruch der Blätter und des Bodens mischt sich mit dem metallischen Blutgeruch.

»Das wird eine Menge«, sage ich und sehe auf die Därme, die mir heiß entgegendampfen. Ich muss einen Anflug von Übelkeit unterdrücken. Das ist neu, aber ich war auch noch nie so nah daran. Vorher habe ich nur kleine Tiere ausgenommen, Hasen, Dachse, wenn mein Vater es mir zeigen wollte.

Dann höre ich die Schritte, halte inne und sehe hoch zu der Gruppe, die auf uns zukommt. Timo hält sein Handy auf mich gerichtet. Hinter ihm kommen Molly und Robin. Pfeifen baumeln um ihren Hals, Robin hat einen Ast und einen Topf in der Hand, Molly zwei Topfdeckel. Nur die drei. Marie ist nicht dabei. Ich spüre eine kurze Erleichterung, doch die Situation ist alles andere als entspannt. Und ich bin es auch nicht. Timo soll aufhören zu filmen, das ist hier keine Blutshow, sondern ein stiller, respektvoller Akt. Etwas, was getan werden muss. Das schulden wir dem Tier.

»Was wollt ihr?«, sage ich laut und auch etwas aggressiv, denn ihre feindliche Haltung gefällt mir nicht.

Hubert und Kasper drehen sich zu der Gruppe um.

»Du?«, sagt Kasper, der Timo erkennt. Timo hält das Handy auf ihn, dann wieder auf mich.

Hubert dreht sich zu mir und hebt die Augenbrauen zu einer Frage, die ich nicht beantworten kann. Ich bin beschäftigt. Die Sau ist tot, das lässt sich nicht wegdiskutieren. Ich habe ihre Leber in der einen und mein Jagdmesser in der anderen. Was soll ich machen?

»Ihr Mörder«, sagt Robin ruhig.

»Mörder«, plappert Molly ihm nach.

Ich sehe die Wut in Hubert aufsteigen. Nicht gut. Er dreht sich abrupt zu der Gruppe um, springt dann auf.

»Mörder? Ach ja? Dann ruft doch die Polizei. Aber stellt euch vor, die wird eher euch festnehmen, weil ihr keine Berechtigung habt, in diesem Wald herumzulaufen. Das ist Privatbesitz.« Er dreht sich zu Timo. »Hör' auf zu filmen!« Doch Timo filmt einfach weiter. Keine gute Idee. Hubert macht einen Schritt auf ihn zu und schlägt ihm das Handy aus der Hand. Es fällt vor Mollys Füße, die es hastig aufhebt.

»Das war *mein* Handy«, sagt Timo. »Wenn du schon so auf Besitz abfährst.«

Robin grinst. »Der Arsch denkt eben, ihm gehört die ganze Welt. Und alle Tiere darin kann er einfach abknallen.«

Obwohl ich Hubert nur von hinten sehe, erkenne ich an seiner Kopfhaltung, dass er seine Wut nur mühsam unter Kontrolle hat.

Robin lächelt. »Ist dein Schwanz so klein, dass du das brauchst?«

Hubert rastet aus. Er stürmt auf Robin zu, der das vermutlich sogar gewollt hat. Robin lässt den Ast und den Topf fallen, die beiden beginnen eine Mischung aus Ring- und Boxkampf, etwas, was bei Hubert etwas professioneller aussieht, aber trotzdem kein Kampf ist, mehr eine Schlägerei. Revierkampf. Wie das Wild, nicht anders, nicht besser, nicht weiter. Wozu sind wir überhaupt Menschen, erheben uns über die Tiere, die Natur, wenn wir in so einer Situation wie zwei Keiler aufeinander losgehen?

Kasper hockt paralysiert am Boden neben Molly, die das Handy in der Hand hält.

»Film das!«, brüllt Timo ihr zu. Sie tastet zitternd auf dem Display herum.

Hubert und Robin sind ineinander verhakt, fallen und rangeln am Boden weiter. Ich lege die Leber ab, erhebe mich langsam. Irgendwann muss ich eingreifen. Nach drüben gehen und die beiden runterholen, bevor etwas passiert. Zwischen mir und den beiden Kämpfenden liegt die Sau, hocken Kasper und Molly, etwas weiter steht Timo.

»Hört auf!«, rufe ich, obwohl klar ist, dass niemand auf mich hören wird. Es ist wie mit Haien, die im Wasser Blut riechen und sich dann auf egal was oder wen stürzen. Wir sind mehr als unsere Instinkte. *Oder?* Ich muss einschreiten. Ich mache einen Schritt um das Tier herum auf Timo zu.

»Du hältst dich da raus!«, brüllt er.

Ich bewege mich langsam, ruhig, wie ich finde. Nur an Mollys und Kaspers Blicken, die mich beide entsetzt anstarren, sehe ich, dass ich gefährlich wirke. Blutige Einweghandschuhe, ein Messer in der Hand, doch das nehme ich in dem Moment gar nicht wahr. Mein Blick ist auf Hubert und Robin gerichtet, die Geräusche ihrer Schläge, Knochen auf Knochen, das Blut in Robins Gesicht, als Hubert ihn an der Schläfe trifft, der Griff von Robin nach dem Ast, er holt aus ...

»Nein!«

Ich stürze los, doch Timo tritt zwischen mich und die Gruppe, packt mich mit beiden Händen an der Schulter und reißt mich zur Seite. Ich wehre mich nicht, das macht es nicht besser. Ich rechne damit, gleich hart auf dem Waldboden zu landen, doch Timo lässt mich nicht los und stolpert mit mir über einen flachen Baumstumpf. Wir kreiseln aneinandergeklammert, bis ich das Gleichgewicht verliere und Timo auf mich fällt. Weil ich die Wucht seines Gewichtes abdämpfen will, hebe ich die Hände, in der einen das Messer. Das ist mir in dem Augenblick gar nicht bewusst. Die Klinge fährt ohne Probleme durch den dünnen T-Shirt-Stoff, durchdringt die Haut, schiebt sich unter die Rippen. Mein Denken ist auf einmal glasklar, dreidimensional. Ich sehe die Organe im Körper vor mir, wie ich sie eben aus der Sau geschnitten habe: *Zu tief für Milz und Leber, zu hoch für den Darm.* Hoffentlich. Ich löse meine Hand von dem Messergriff und halte Timo, der sich krümmt und den Mund zu einem stummen Schrei aufgerissen hat. Drücke seine Schultern von mir herunter und sanft zu Boden, halte ihn dort, damit das Messer sich nicht noch tiefer bohrt. Und brülle, als ob es mein Schmerz wäre.

11

Liebe und Hass

– Marie –

Ich taste nach meinem Handy irgendwo auf dem Stuhl neben meinem Bett. *»Timo«* steht auf dem Display.

»Ja?«

»Marie? Bist du wach?«, sagt eine Mädchenstimme.

Sonntagmorgen, gerade erst aufgewacht, ein fetter Kater.

Mein Kopf dröhnt, ich verstehe gar nichts mehr. Wieso hat Timo diese Stimme?

»Weißt du Bescheid?«

»Molly?«

Ich sehe irritiert auf das Handy, auf dem mir Timo angezeigt wird, obwohl Molly dran ist, und dann zu dem roten Balken in der rechten oberen Ecke. Der Akku ist genauso leer, wie ich mich fühle.

»Weißt du, was passiert ist?«

»Das Video?«, sage ich abwehrend, weil ich noch nicht einmal darüber nachdenken will, dass dieses Video jetzt im Internet ist. Und ich wirklich nicht noch mehr Details über diese ganze dämliche Aktion erfahren muss.

»Du weißt gar nichts, oder?«, hakt Molly nach.

»Ich weiß, dass dieses Video jetzt auf YouTube steht. Was richtig blöd ist. Denk doch mal nach. Ludwigs Vater ist Anwalt, also ...«

Molly zieht hörbar die Luft ein.

»Was?«

»Marie, es ist noch mehr passiert. Ludwig hat Timo verletzt. Mit seinem Jagdmesser. Er hat auf ihn eingestochen, Marie, es war so furchtbar.«

»Wie?«

Ich richte mich im Bett auf. Nichts passt zusammen. Nichts macht Sinn. *Stimmt das?* Mein Herz rast panisch los.

»Wieso rufst du mich von Timos Handy aus an? Ist er im Krankenhaus? Ist er schwer verletzt?«

»Na ja.«

»Wie jetzt?«

Während Molly aufgeregt auf mich einredet und mir alles erzählt, krabble ich unter dem Schreibtisch herum und suche nach dem Aufladekabel. Dinge, die man tut, wenn man unter Schock steht. Dinge, die scheinbar Sinn machen, aber in diesem Moment vollkommen unangebracht sind. *Doch! Ich brauche das Kabel, sonst ist der Akku gleich alle.* Als ob das jetzt eine Rolle spielen würde.

»Er ist wieder zu Hause? Dann ist er also nicht schwer verletzt?«

»Also, Marie, das kann man nicht auf die leichte Schulter nehmen. Ich meine, es ist eine Verletzung. Und auch wenn er jetzt wieder ...«

Das Display wird schwarz.

Irgendwie bin ich froh, als das Gespräch unterbrochen wurde. Ich habe alles erfahren. Timo ist zu Hause, seine Eltern sind Ärzte. Deswegen? Ich nehme das nicht auf die leichte Schulter, überhaupt nicht.

Allerdings habe ich noch eine andere brennendere Frage: *Was ist mit Ludwig?* Doch vermutlich bin ich die Einzige, die sich das fragt, die Einzige, die noch auf seiner Seite ist. Sogar Max hat nur mit den Schultern gezuckt, als sie das Video hochgeladen haben.

Ich krabble unter dem Schreibtisch hervor, sitze auf dem Boden, starre auf das Chaos in meinem Zimmer und versuche meine galoppierenden Gedanken unter Kontrolle zu bringen.

Anziehen.

Telefonieren.

Geht nicht.

Es fällt mir erst auf, als ich auf das schwarze Display sehe, um zu wählen. *Eins nach dem anderen.* Ich sehe das Aufladekabel, stöpsle das Handy ein. Gehe an meinen Kleiderschrank, reiße eine Jeans und ein T-Shirt heraus, ziehe beides über und stehe dann im Raum, ohne zu wissen, worauf ich warte. *Das Handy!* Zehn Prozent, das muss reichen. Ich lasse es am Auflader und rufe Ludwig an. Einmal, zweimal. *Noch nicht mal die Mailbox!* Molly brauche ich nicht mehr anzurufen, von Robin habe ich keine Nummer, Timos Handy ist bei Molly. Es ist klar, was ich als Nächstes tun muss.

»Ist er da?«

Timos Mutter ist eine große und schlanke Frau mit braunen nach hinten gekämmten Haaren. Immer reserviert, immer freundlich, auch jetzt. Sie öffnet die Tür weit.

»Hallo, Marie. Ja, er ist oben.«

Ich fege an ihr vorbei, nehme die zwei Stufen auf einmal und renne in Timos Vater hinein, der mir auf der Treppe entgegenkommt. Ich sehe zu ihm auf.

»Er hat großes Glück gehabt.«

»Aha.«

Mehr bringe ich nicht heraus. Ich spüre die Übelkeit wieder, die mich seit gestern Abend verfolgt, berechne im Kopf den Weg bis zum Klo, oben, neben Timos Zimmer.

»Er freut sich bestimmt, dass du kommst.«

Ich nicke, spurte weiter hoch ins Bad, Klodeckel auf, übergebe mich. Ich richte mich zitternd auf, spüle den Mund aus und betrachte mich im Spiegel des Badezimmerschranks. Ich weiß, hier gibt es irgendwo Pillen gegen diese Übelkeit, den Kater, den Kopfschmerz, Aspirin oder so. Ich öffne die eine Seite des Schrankes, aber starre dann nur auf mein zweigeteiltes Gesicht. Eine Seite wie abgeschnitten. *Ludwig*.

In seinem Zimmer thront Timo auf dem breiten Bett mit nacktem Oberkörper, um den unteren Brust- und oberen Bauchbereich einen Mullverband. Lebendig, gut aussehend. Er lächelt, und ich könnte vor Erleichterung heulen.

»Molly hat mich angerufen.«

Er nickt. »Ja, sie hat mein Handy, sonst hätte ich dir Bescheid gesagt.«

Ich gehe zu seinem Bett, setze mich auf die Bettkante, auch weil ich nicht lange stehen kann.

»Hey, du siehst blass aus«, sagt er.

Falsch, ich bin grau. Grau vor Sorgen und zu viel Alkohol am Abend davor.

»Geht schon. Wie geht es dir?«

»Ich habe Glück gehabt. Knapp an der Leber vorbei, meinte mein Vater. Die haben mich nur gehen lassen, weil er Arzt ist.«

Ich nicke und kann mir den Gedanken nicht verkneifen, dass Timo es ein wenig genießt. Die Dramatik der Situation, dass sich alles um ihn dreht. Und dass endlich etwas real geworden ist, was die ganze Zeit vorher ungreifbar war: Ludwig hat ihn verletzt. Ludwig ist der Feind. Aber für mich nicht. Ich bin krank vor Sorgen um ihn, ich muss wissen, was los war. Ich sehe zu Timo.

»Was ist passiert?«

Er erzählt ruhig, eins nach dem anderen: Dass sie dem Bus vom Camp in den Wald gefolgt sind und dann der Gruppe um Ludwig. Heimlich. Als alle drei auf dem Hochsitz waren, haben sie mit der

Störaktion begonnen. Bis sie den Schuss gehört haben. Wie sie das Video aufgenommen haben und Robin dann hingehen wollte und sie zur Rede stellen. Alles filmen, ganz von Nahem.

»Ich meine, Marie, da lag das tote Tier, und dein Jägerfreund hatte beide Hände in den Eingeweiden.«

»Er heißt Ludwig. Und ich habe das Video gesehen.«

Ich habe es mir sogar mehrfach angesehen.

»Okay, Ludwig. Wir sind hin und haben was gesagt, und dann ist dieser eine Typ ausgerastet und auf Robin los. Und Ludwig wollte ihm helfen und geht mit blutigen Händen und dem Messer in der Hand auf Robin zu. Marie, was hättest du denn gemacht?«

Er spricht über Ludwig, als wäre es irgendwer. Die Übelkeit kommt wieder und ein Zittern. Ich setze mich auf beide Hände, damit Timo es nicht bemerkt, wippe auf der Bettkante hin und her, weil ich Schmerzen spüre, ohne genau zu wissen, wo. Vielleicht am ehesten im Herzen, das sich wie ein harter Muskel anfühlt, etwas festhält und sich weigert, es loszulassen.

»Seid ihr ... beide verletzt?«

Timo verdreht die Augen, weil ich frage. Aber ich muss es wissen.

»Er hat keinen Kratzer abbekommen. *Er* war bewaffnet.«

Timo hält mir ein langes Messer mit einem Horngriff hin.

»Was ist das?«

»Die Waffe, mit der er mich verletzt hat.«

Waffe? Ich habe von meinen Eltern gelernt, dass es auf Worte ankommt. Timo nennt es Waffe, aber das stimmt nicht. Ich habe es gegoogelt. Es ist ein Werkzeug für Jäger, mit dem Tiere aufgeschnitten werden.

Timo klappt das Messer zusammen, verriegelt es.

»Hier, du kannst es ihm wiedergeben. Ich habe im Krankenhaus gesagt, es wäre meins. Und dass es ein Unfall war. Damit du beruhigt bist.«

Ich nehme es, sofort geht es mir besser. Es ist ein Friedensangebot von Timo. Keine Anzeige auf Körperverletzung. Jetzt erkenne ich ihn wieder. Der vernünftige, der coole Timo, der nie jemanden an die Polizei verraten würde. Aber es ist noch nicht alles geklärt.

Die Sonne fällt ins Zimmer, wieder ein warmer Sommertag. Ich friere trotzdem.

»War die Aktion Mollys Idee?« Ich muss das wissen. »Nur sie wusste von dem Camp.«

Timos seufzt. »Nein. Es war meine Idee. Also was gegen die Jäger zu unternehmen. Ich habe sie an dem Abend mit Robin besprochen, als du nicht dabei warst. Ganz allgemein. Und dann kam Molly mit der Geschichte vom Camp. Es hat einfach gepasst.«

Er blinzelt. »Du bist sauer.«

Allerdings. Auf alle, auf alles.

»Wieso habt ihr mir nichts von der Aktion gesagt?«

»Weil du uns sonst verraten hättest?«

»Wieso denkst du das? Nein, hätte ich nicht, aber ich hätte es verhindert. Weil es Schwachsinn war. Und gefährlich.«

Timo richtet sich auf, obwohl ich sehe, dass es ihm schwerfällt.

»Und ... weil dir dieser Ludwig so wichtig ist. Sogar wichtiger, als alles, wofür wir stehen, Marie. Das ist der Punkt.«

Ich springe auf. »Nein, das ist nicht der Punkt. Du und Molly und Robin, ihr habt mein Vertrauen missbraucht. Ihr hättet in jeden Wald gehen können, in dem gejagt wird. Ihr hättet *irgendeine* Gruppe von Jägern verfolgen können. Das war keine Greenpeace- oder Tierretteraktion. Das war Molly, die gerne mit dir zusammen sein will, weil sie verliebt in dich ist, das war Robin, der extreme Aktionen liebt, und das bist du, mein bester Freund, dem ich vertraut habe, der mir nicht gönnt, dass ich glücklich bin, der ...«

Ich hole Luft, aber schluchze stattdessen. Etwas bricht aus mir heraus, etwas, was ich die ganze Zeit zurückgehalten habe: Schmerz,

Enttäuschung, Wut. Ich weine selten, aber wenn, dann ist es ein Ausbruch. Nicht schön, einfach nur Schnodder und Rotz und Verzweiflung. Ich lasse mich zu Boden sinken, den Rücken an das Bett gepresst, ziehe die Beine an und lege meine Arme um meinen Körper. Eine Zwangsjacke, die mich halten muss.

»He, Marie …«, sagt Timo erschrocken und sanft.

Er schiebt sich vorsichtig bis zum Bettende, gleitet neben mir zu Boden.

»Ich wollte nicht … ich wusste doch nicht …«

Timo riecht nach Desinfektionsmittel und Verband und Krankenhaus. Er legt einen Arm um meine Schultern, zieht mich an sich, schiebt sein Gesicht in meine Haare, dicht an mein Ohr. »Ich liebe dich doch.«

– Ludwig –

Mein Vater rennt von einer Zimmerecke in die andere, ich kenne die Stimmung: Angriff ist die beste Verteidigung. Und manchmal bin ich eben derjenige, der angegriffen wird.

»Und du konntest nicht *einmal* nachdenken?«

Ich schweige. Rhetorische Fragen brauche ich nicht zu beantworten, und schon gar nicht die, die ich mir selbst stelle. Ich weiß, wenn ich nicht antworte, einfach hier stehe und es über mich ergehen lasse, dann werden meine Eltern am Ende alleine weiterdiskutieren. Wie immer.

»Hubert hat eine Gehirnerschütterung! Das war Hausfriedensbruch und Körperverletzung. Die sollte man verklagen!«, ruft meine Mutter von der Couch aus. Ich stehe zwischen ihnen, eine wackelige Verbindung.

»Nur dass unser Sohn offenbar …«

»Er wollte Hubert nur verteidigen.«

»Mit einem Messer?«

Mein Vater schreitet auf mich zu. »Du kannst deinen Jagdschein verlieren. Du kannst eine Vorstrafe bekommen. Hat dir das deine kleine Freundin eingeflüstert? Dass man mit Gewalt weiterkommt?«

»Jetzt lass mal, Christian«, sagt meine Mutter.

Mein Vater richtet seinen Zeigefinger auf meinen Brustkorb. »Wir argumentieren, dass er dich angegriffen hat. Kasper ist dein Zeuge. Es war Notwehr. Hatte er eine Waffe?«

»Eine Trillerpfeife?«, sage ich, natürlich klingt es ironisch. Ich hasse diese Diskussion. Mir ist klar, dass ich Schuld habe, ich will mich da nicht herauswinden. Warum kann ich dafür nicht einfach die Verantwortung übernehmen?

»Du findest das also witzig?« Mein Vater bleibt endlich stehen. »Dein Gruppenführer hat angerufen. Er will einen Bericht. Es ist sehr, sehr wichtig, dass wir jetzt die richtigen Worte wählen.«

»Christian!«, sagt meine Mutter. »Jetzt lass ihn doch mal. Es ist ja nicht gesagt, dass dieser Junge ihn verklagen wird.«

»Na, das muss er auch gar nicht. Ich sehe die Schlagzeile schon vor mir.« Mein Vater wischt mit seiner Hand durch die Luft. »Sohn der Präsidentin des Jagdverbandes greift Umweltschützer mit Jagdmesser an.«

»Er hat ihn nicht angegriffen.«

»Aber das werden sie schreiben!«

Mein Handy klingelt.

»Ich muss mal kurz«, sage ich.

Es ist Hubert und außerdem ein Vorwand zu gehen, zu fliehen, obwohl ich ahne, dass das Gespräch mit Hubert noch unangenehmer wird.

Ich nehme den Anruf an, springe die Treppen nach oben, gehe in mein Zimmer, schließe die Tür, lasse mich in meinen Sessel fallen.

»Ja? Wie geht es dir?«

Hubert atmet heftig aus. »Beschissen. Kopfschmerzen. Ich war wohl kurz weg, als der Typ mir auf den Kopf geschlagen hat. Gehirnerschütterung. Mini-Amnesie, meinte der Arzt. Du musst mir erzählen, was los war.«

Die Erinnerung zuckt auf, der Kampf, die Frage, warum ich das Messer nicht abgelegt oder die Handschuhe ausgezogen habe. *Warum*? Vermutlich, weil ich nicht wahrhaben wollte, wie ernst die Situation ist.

»Ich wollte dir helfen, er hat mich aufgehalten, und dann ist er ins Messer gefallen. Unterhalb der Rippen.«

»Tief?«, fragt Hubert, der weiß, was alles verletzt werden kann.

»Nein, schräg.«

»Und weiter?«

»Ich habe den Gruppenleiter angerufen und ihm gesagt, dass wir einen Krankenwagen brauchen. Dann habe ich meine Jagdtasche geholt.«

Hubert nickt. Jäger haben immer Verbandszeug dabei, allerdings eher für die Hunde als für Menschen.

»Ich konnte nicht viel machen, die Messerklinge steckte schräg im Körper, und ich habe sie dort gelassen, um weitere Verletzungen zu vermeiden.«

»Ja, richtig gemacht«, sagt Hubert. »Jetzt erinnere ich mich wieder. Das Mädchen hat dann noch seinen Vater angerufen.«

»Genau.«

Hubert schweigt, dann sagt er: »Er kannte dich. Oder?«

»Ja, offenbar«, weiche ich aus, doch Hubert hakt nach.

»Und du ihn?«

»Hat dir das Kasper nicht erzählt?«, sage ich vage, denn ich weiß was passiert, wenn Hubert die Puzzlesteine seiner Erinnerung zusammensetzt.

Hubert schweigt einen Moment. »Und dieser andere Typ? Den kanntest du auch.«

Langsam stellt er die Verbindung her. *Ich bin an allem schuld.*

»Ja.«

Er senkt seine Stimme. »Und das Mädchen?«

»Das war ... Molly. Eine von Greenpeace.«

»Du kennst die also alle«, sagt Hubert etwas zu ruhig. »Hast du denen gesagt, dass wir im Camp sind? Die Adresse und alles?«

»Nein. Aber es ist ja nicht so schwer rauszufinden, wenn man googelt.«

»Aber jemand muss es ihnen gesagt haben. Dann hat *sie* dich verraten. Das ist dir doch klar, Luis, oder?«

Ich schlucke. Das ist die Frage, die ich mir die ganze Zeit stelle. *Hat Marie den anderen Bescheid gesagt, damit sie uns auflauern?*

»Hast du sie gefragt?«, drängt Hubert.

Nein, habe ich nicht. Es sind drei Anrufe auf meinem Handy, aber ich habe nicht zurückgerufen. Es geht einfach nicht.

»Ey, vielleicht hat sie ja nur deshalb was mit dir angefangen ...«

Und auch das habe ich mich schon gefragt: Was ist, wenn Marie das wollte? Es sogar ein Plan war. Von Anfang an?

»Ich kläre das«, sage ich, ohne zu wissen, ob ich die Kraft dazu habe. Gerade nicht.

»Luis, wenn diese Ökoterroristin dahintersteckt ... Ich werde dich verteidigen. Dich trifft keine Schuld. Ich habe den Typen angegriffen, sie sind zu *uns* gekommen. Sie wollten Streit. Und du hast dich nur verteidigt. Nur verteidigt. Hat dieses andere Mädchen gefilmt? Das wäre natürlich mies.«

»Nein. Sie hatte den Code vom Handy nicht und hat nur so getan.«

»Bist du sicher?«

Sie musste Timo nach dem Code fragen, als sie seinen Vater angerufen hat.

»Ziemlich sicher.«

Mein Brustkorb schmerzt, die Rippen, ich strecke mich, um Luft zu bekommen. Obwohl es unerheblich ist und ich es nicht erwähnt habe, habe ich mich bei Timos Sturz auch verletzt, eine Rippe fühlt sich merkwürdig an.

»Hubert? Lass uns später reden.«

»Ja, logisch. Wir klären das auf. Alles. Die kommen nicht davon.«

»Okay«, sage ich, weil es mir egal ist. Ich denke nur an Marie.

– Marie –

Als ich von Timo zurückkehre, kommen meine Eltern gerade mit dem Wagen an. Ich stelle mich zu meiner Oma und meinen Brüdern an den Bordstein, nehme die Hand an die Stirn und salutierte, als mein Vater aussteigt. Er zeigt mir einen Vogel, und wir lachen, ich umarme erst ihn, dann meine Mutter, die gefahren ist.

»Ihr seht zufrieden aus«, sagt sie erleichtert.

»Die Kinder waren sehr lieb«, sagt meine Oma, und ich vergebe ihr, dass sie mich Kind nennt.

Ich lache und tue unbeschwert, dabei ist meine ganze Konzentration darauf ausgerichtet, mir nichts von meiner Aufregung anmerken zu lassen. Meine Wut auf Timo, Robin und Molly. Meine Gefühle für Ludwig, die unverändert stark und groß sind, nur dass ich keine Ahnung habe, wie er empfindet und ob vielleicht alles zwischen uns aus ist. Wenn er denkt, ich hätte die anderen ins Camp geschickt ... *das kann er nicht glauben.* Doch dies alles vor meinen Eltern auszubreiten ist nicht hilfreich. Ich höre schon, wie sie mir zureden werden: *Das war klar, du wolltest es nur nicht wahrhaben, ihr seid zu verschieden.*

Und dann noch Timos Verletzung scheinbar alles betätigt. Blutige Hände, das Messer, ich wische die Gedanken weg.

Es ist passiert, meine Eltern können nichts daran ändern.

Wir gehen ins Haus, wo ein veganer Kuchen steht, den meine Oma nach einem unserer Rezepte gebacken hat. Meine Brüder sind aufgedreht, meine Eltern erschöpft, meine Oma auch. Es fällt nicht auf, dass ich mich aus den Gesprächen heraushalte, ich muss nur zwischendurch mal eine Frage einwerfen.

»Was hast du bei dem Biologen herausgefunden?«

Meine Mutter hebt die Hand mit der Kuchengabel.

»Es ist so verrückt. In Deutschland sind 43 Prozent des Waldes in Privatbesitz. Und jeder Waldeigentümer will Geld mit seinem Land verdienen.«

»Das ist doch klar«, bemerkt mein Vater. »Ich denke, man kann mehr mit Holz als mit Jagdpacht verdienen. Also ist der Wald wichtiger als das Wild.«

»Aber es ist eine Katastrophe für den Wildbestand.«

Meine Oma nickt, meine Brüder nicken, ich nicke, obwohl meine Gedanken weit weg sind.

Ludwig meldet sich nicht, antwortet nicht auf meine Anrufe. *Warum nicht?* Eigentlich gibt es nur einen Grund: Er hält mich für die Anstifterin der Sache. Immer wenn ich an das Video denke, die Szene, in der er das Wildschwein ausnimmt, dann spüre ich die Übelkeit. Ist das der richtige Ludwig? Der Jäger. Ist das seine Entscheidung? *Ich bin Jäger, das mit uns ist vorbei?* Was ich ihm fast nicht verdenken kann, nach all dem, was passiert ist.

Ich bin erleichtert, als das Kaffeetrinken beendet ist. Keine Handys am Tisch ist eine Regel in unserer Familie, doch ich muss nachsehen, ob ich eine Nachricht von Ludwig bekommen habe.

Als ich endlich auf mein Handy sehen kann, ist da nichts. Keine WhatsApp-Nachricht, keine SMS, kein Anruf. Ich sehe, dass Ludwig meine WhatsApp-Nachricht angesehen hat, aber nicht reagiert hat. Also will er mir nicht antworten. *Was mache ich jetzt?* Ich werfe mich auf mein Bett, schließe die Augen. Vielleicht sollte ich akzeptieren, dass es vorbei ist. Es fühlt sich nur so schlecht an. Als ob ich auf der falschen Seite gelandet wäre. Nicht bei ihm, nicht dort, wo ich sein möchte. Darf ich dort sein wollen? Hat Timo recht? Verrate ich die Idee, meine Überzeugung, Greenpeace, meine Freunde, die Jaggies? Verrate ich mein veganes Leben?

Es klopft, und ich erstarre. *Ludwig?*

»Ja?«

Meine Brüder drängen aufgeregt ins Zimmer. Ich richte mich auf.

»Was ist?«

Sie kommen zu meinem Bett und setzen sich rechts und links auf meine Bettkante. Ich hoffe immer noch, dass sie mir sagen, dass Ludwig unten an der Tür ist. Mit mir sprechen will. Vor der Tür wartet. Angerufen hat. *Irgendein Lebenszeichen!*

»Marie, wir wollen dir was zeigen«, sagt Peter. Erst jetzt bemerke ich, dass er ein zusammengeknülltes Handtuch auf dem Schoß hält.

»Was denn?«

Meine Brüder tauschen einen Blick, Paul nickt, und Peter faltet feierlich das Handtuch auf. Ich brauche einen Moment, bis ich sehe, was sie mir zeigen wollen.

»Ein Ei?«

Beide nicken. »Von Henny«, sagt Peter. »Wir haben ihr ein Nest gebaut, und sie hat das Ei reingelegt.«

»Aber dann ist sie weggegangen. Jetzt brüten wir das Ei aus«, ergänzt Paul.

»Okay«, sage ich und überlege, wie ich den beiden erklären kann, dass dieses Ei unbefruchtet ist und daher kein Küken schlüpfen wird. Die Spielverderberin, die ihre Träume zerschmettert. Ich nehme das warme Ei in die Hand, es fühlt sich lebendig an.

»Ihr müsst es sehr gut warm halten. Vielleicht mit einer Lampe«, sage ich.

Paul springt auf. »Wir werden es superwarm halten!«

»Und wenn wir dann zwei Hühner haben, dann haben wir bald noch mehr Eier, die wir ausbrüten können«, sagt Peter.

Paul nickt. »Irgendwann wird der Stall zu klein werden ...«

Die beiden sehen mich mit leuchtenden Augen an. »Dann bauen wir einen größeren!«

»Ja, toll«, höre ich mich sagen.

»Aber, Marie, du darfst es keinem verraten.«

Ich hebe meine Hand. »Ehrenwort.«

Sie huschen zusammen aus dem Zimmer, und ich schlucke den Kloß im Hals herunter. Gedanken schießen mir durch den Kopf: Dass Menschen Träume brauchen. Und dass wohl immer irgendwann aus einem Traum ein Plan, eine Entwicklung und für manche auch ein Geschäft wird. Viele Hühner, viele Eier, viel Geld. Und damit man Ausgaben sparen kann, baut man kleine Ställe und steckt die Hühner eng zusammen. So sind wir Menschen eben. Und der Ausweg?

Ich stehe auf, nehme meinen Rucksack und stopfe ein paar Sachen hinein. T-Shirt, Badezeug, Unterwäsche, Zahnbürste. Ich habe keinen festen Plan, ich weiß nur, dass ich nicht länger hier passiv herumsitzen und warten kann.

Unten sitzen meine Eltern mit meiner Oma am Tisch und unterhalten sich.

»Ich geh noch mal weg«, sage ich und bemühe mich, es beiläufig klingen zu lassen. »Wir bereiten das Treffen der Jaggies vor.«

»Bist du zum Abendessen zurück?«, fragt meine Mutter.

»Vielleicht übernachte ich bei Molly ... Wartet nicht auf mich.«

Sie nicken. Ich gehe nach draußen zu meinem Rad, steige auf und bin auf einmal ganz sicher, dass ich das Richtige tue.

– Ludwig –

Ich bin eingeschlafen, das passiert mir öfter in der Sattelkammer. Auf dem Boden eingerollt oder wie jetzt an einen Heuballen gelehnt. Die Earplugs in den Ohren, meine Lieblingssongs auf Repeat. Als ich die Augen öffne, kommt es mir im ersten Moment wie ein Flashback vor. Wie damals steht sie im Licht, nur dass es diesmal die Nachmittagssonne ist. Sanfter und goldener.

»Hey!«

Sie trägt kurze Shorts, ein geringeltes T-Shirt und sieht kindlich und erwachsen zugleich aus.

»Hey?«

Sie lässt sich neben mich auf den Heuballen fallen, als wären wir verabredet gewesen. Ich nehme die Earplugs heraus, ich brauche immer einen Moment, um aus diesem Zustand aufzutauchen.

Mit einer leicht nervösen Geste streicht sie ihr Haar zurück. Sie ist außer Atem und leicht verschwitzt, ihre Wangen sind gerötet.

Niemand hat hier je nach mir gesucht. Einmal ist Hubert gekommen und wieder gegangen, weil alle dachten, ich bin unterwegs oder im Wald.

»Es tut mir leid, was passiert ist.« Sie atmet aus. »Ich wusste nichts von der Aktion. Es tut mir wirklich leid.« Sie fühlt sich also schuldig.

Und mir geht es genauso. Egal, was war, ich fühle mich zu Hundert Prozent verantwortlich.

»Wie geht es Timo?«

Alle Informationen habe ich von dem Rettungssanitäter im Krankenwagen. Im Krankenhaus bin ich bei Hubert geblieben.

»Gut. Sie haben ihn schon wieder entlassen. Nur eine Fleischwunde.«

»Zum Glück«, sage ich erleichtert.

Ich erinnere mich an den weißen Krankenhausflur, an Kasper, der vor Aufregung stotterte, an den Geruch nach Desinfektionsmittel und Essen. Ich war mir eigentlich sicher, dass Timo nicht groß verletzt ist. Sonst hätte es stärker geblutet, sonst hätte er das Bewusstsein verloren. Der Körper eines Tieres und eines Menschen sind nicht so verschieden. Ich weiß, wo die Organe liegen.

Ich fahre mir über das Gesicht. Das hätte nie passieren dürfen. Nichts von alldem.

»Auch keine Infektion? Fieber?«

»Nein.«

Die größte Sorge der Rettungssanitäter war, dass die Sau möglicherweise infiziert gewesen sein könnte. Wenn ich an die Situation zurückdenke, dann kommt es mir vor, als ob ich erst die Sau und dann Timo abgestochen hätte. Das stimmt nicht, ich weiß das, aber das Gefühl ist genauso.

»Timo sagt, er hat ein Antibiotikum bekommen.«

Ich nicke. Das ist gut, denn das Blut des Tieres hat sich mit dem von Timo vermischt.

»Und du?«, fragt Marie. »Hast du dich verletzt?«

Ich atme ein, spüre den stechenden Schmerz hinter den Rippen. Eine Kleinigkeit.

»Nein. Nur Hubert. Sie haben ihn mit eingeliefert. Er hat eine Gehirnerschütterung. Ihm geht es aber auch schon wieder besser.«

Sie atmet leicht auf. »Timo hat mir gesagt, es wäre ein Unfall gewesen, aber ... er hat dich angegriffen, oder?«

Ich zucke mit den Schultern, es ist nicht mehr wichtig.

»Ich habe noch etwas«, sagt Marie und greift in ihre Tasche.

Das Jagdmesser.

»Timo hat es mir gegeben, ich soll es dir zurückgeben.«

»Ist es kein Beweisstück?«

Das Messer ist eingeklappt. Marie dreht es unschlüssig in der Hand. »Nein. Ich soll dir sagen, dass es ihm leidtut. Er will dich nicht verklagen.«

Ich nehme das Messer und klappe es auf. Es ist gereinigt, nur am Schaft klebt noch ein wenig Blut. Ich frage mich, ob es von Timo oder der Sau ist. Wieder fällt es mir auf: Wie gleich wir den Tieren sind. Ich klappe das Messer wieder zu und schiebe es zurück in die Tasche an meinem Gürtel.

Wir schweigen.

Nebenan wiehert ein Pferd, ich höre den Stallburschen einen Eimer abstellen.

»Also ... hast du gejagt?«, fragt Marie leise. »Und das Wildschwein geschossen?«

Es klingt nicht vorwurfsvoll, eher ratlos.

»Nein«, sage ich. »Das war Hubert. Wir hatten eine Abmachung, da ich nicht schießen wollte. Wenn er eine Sau schießt, nehme ich sie aus.«

»Oh«, sagt Marie und richtet sich leicht auf. »Also hast du sie nicht getötet?«

Ich schüttle den Kopf, doch ich weiß, dass es keinen großen Unterschied macht: Schießen, töten, töten lassen, schlachten lassen, ausnehmen, essen. Alles gehört in den Kreislauf, und ich war ein Teil davon. Wer ein Stück Fleisch aus der Kühltruhe nimmt oder isst, hat genauso Anteil daran wie jemand, der ein Tier schießt und ausnimmt. Oder nur ausnimmt. Manchmal fühlt es sich gut an, ein Teil des Kreislaufes zu sein, manchmal nicht. Jeder muss für sich entscheiden. Für Hubert ist es richtig und wichtig, für mich nicht mehr. Ich lasse den Kopf nach hinten gegen den Strohballen kippen. Ich dachte, es wäre leichter, das alles hinter sich zu lassen.

Marie dreht sich zu mir, sieht mich an. Ich würde verstehen, wenn sie jetzt geht, mich hier zurücklässt. Eigentlich würde ich das auch am liebsten tun, einfach weggehen, mein altes ICH zurücklassen. Stattdessen küsst sie mich sanft.

»Ich habe versucht, dich zu hassen«, flüstert sie. »Oder dass du mir gleichgültig bist. Aber ... es hat nicht geklappt.«

Ich lege meinen Kopf an ihre Stirn. »Bei mir auch nicht.«

Ich spüre ihre Nähe, ihre Wärme. Sie löst sich von mir und wartet, bis ich sie ansehe. *Waren ihre Augen immer schon so dunkel, so grün?*

»Zeig' mir den Wald.«

»Jetzt?«

»Ich will wissen, wie es dort ist. Und die Tiere beobachten.«

Im Haus ist es ruhig. Mein Vater ist in seinem Büro oder auf dem Gericht, meine Mutter unterwegs. Ich gehe in mein Zimmer, nehme meinen Rucksack, packe eine Decke hinein und zwei Pullover. *Was wird das?* Warum packe ich so viel ein? Ich habe keinen Plan, aber wenn Marie den Wald sehen will, dann reicht kein Hindurchlaufen wie ein Sonntagsspaziergänger. Wenn sie Tiere beobachten will, dann müssen wir länger warten. Mindestens bis zum Sonnenuntergang. Und dann kann es kühl werden. Ich packe meinen Schlafsack ein, sehe mich im Zimmer um. Das Fernglas, mein Handy, mehr brauche ich nicht. Im letzten Moment packe ich das Kondom ein, das mir Hubert grinsend auf dem Camp zugesteckt hat.

In der Küche setze ich Wasser für Tee auf, hole die Thermoskanne, zwei Becher, packe Kekse ein, Obst und Schokolade.

Wir haben eine Tafel für Nachrichten, ich nehme den Marker:

Bin unterwegs. Komme nicht zum Essen. L.

Dann wische ich den letzten Satz weg und schreibe:

Übernachte bei Kasper.

12

Es war die Nachtigall

– Marie –

Sobald wir uns entschlossen haben, zusammenzubleiben und in den Wald zu gehen, ist alles zwischen uns wieder wie vorher. Nur eine Sache ist neu: Ich habe mich entschieden. Für Ludwig, für – mich. Während wir schweigend nebeneinander herlaufen, denke ich darüber nach: Ich und Ludwig bleiben zusammen. Wenn Molly, Timo, Robin oder wer auch immer das nicht akzeptieren kann, dann verlasse ich die Greenpeace-Gruppe. Meine Pläne muss ich nicht aufgeben, mein Engagement, meine Ziele. Aber meine Ansichten werden sich vielleicht ändern. Über Jäger, über den Wald und das Wild darin. Vielleicht verstehe ich alles besser, die Zusammenhänge, die Probleme, vielleicht werde ich mehr Verständnis für Jäger haben. Das Risiko muss ich eingehen, denn sonst bin ich nicht besser als die Menschen, die ich wegen ihrer Ignoranz verurteile.

Es ist sehr warm, doch als wir den Wald betreten und einen schmalen Waldweg entlanglaufen, wird es angenehm kühl.

»Und das gehört alles euch?«, sage ich und versuche mir das vorzustellen: Mir gehört ein Wald. Mit Bäumen und Tieren und allem.

»Ja. Gehört alles dem König Drosselbart«, sagt Ludwig grinsend, aber es schwingt auch eine Spur Stolz mit.

Ich merke, dass der Wald ihn verändert. Er lächelt wieder, ist entspannter.

»Und du kennst dich hier überall aus?«

»Nicht überall.«

Ich sehe mich um. Ich bin ein Stadtkind, ich gehe nie in den Wald, der Park ist das Äußerste. Selbst im Urlaub fahren wir in ein Ferienhaus am Meer. Früher dachte ich, das Meer und die Wälder gehören niemandem. Oder uns allen. Natürlich liegen sie in Staatsgebieten oder zwischen Ländern, aber ich dachte, niemand dürfe den Wald besitzen, damit machen, was er will. Oder das Meer. Das war naiv, ich weiß. Ich muss daran denken, was meine Mutter erzählt hat. 43 Prozent des Waldes in Deutschland gehören Privatpersonen. Und vielleicht ist das sogar gut so, denn so wird jedes einzelne Waldgebiet versorgt, bewacht, geschützt. Im besten Fall.

»Was gibt es hier für Tiere?«, frage ich, denn auch davon habe ich keine Ahnung. Vermutlich leben hier Rehe und Hasen und Füchse und Wildschweine, die kommen manchmal sogar bis zu unserem Vorgarten. Aber sonst?

»Wölfe?«

Ludwig bleibt stehen, legt den Kopf schief.

»Wollen wir umkehren?«

»Nein, absolut nicht! Ich sehe nur keine Tiere und frage mich: Wo sind sie?«

»Sie kommen in der Abenddämmerung heraus. Manche, wie die Wildschweine, schlafen tagsüber in Erdmulden und sind nur nachts unterwegs. Wir können uns einen Hochsitz suchen und ansitzen.«

»Ansitzen?«

»Darauf warten, dass Tiere auftauchen.«

Ludwig führt mich zu einem Hochsitz. Er sieht aus, wie ein hölzerner Wachturm mit Sichtschlitzen. Doch es sind wohl eher Schießscharten als Fenster.

»Hast du hier den Rehbock geschossen?«, frage ich, als wir an der Leiter stehen bleiben.

»Nein«, sagt Ludwig knapp.

Ich will ihn nicht verletzen, und mir ist klar, dass er nicht gerne daran erinnert wird, aber es ist besser, es anzusprechen, als wenn es wie eine stumme Frage zwischen uns stehen bleibt.

»Das ist gut.«

Wir stehen voreinander, sehen uns an. Ludwig lässt den Rucksack von seiner Schulter gleiten.

»Wollen wir hochsteigen?«

»Ja.«

Oben angekommen, bin ich aufgeregt wie ein kleines Kind. Von unten wirkt der Hochstand seltsam, aber hier oben macht alles Sinn. Das kleine Zimmer erinnert mich an das Baumhaus, das mein Vater vor ein paar Jahren für meine Brüder gebaut hat. Nun, vielleicht bis auf die Schießscharten. Hier oben ist es viel geräumiger, als ich dachte, in einer Ecke steht ein Windlicht.

Ich lasse mich auf den Holzboden sinken. Ludwig stellt den Rucksack in eine Ecke und setzt sich, die Knie angezogen.

»Müssen wir leise sein?«, flüstere ich.

Ludwig nickt und grinst.

Ich drehe mich hoch auf die Knie, sehe über die Querbalken durch den Sehschlitz nach draußen. Ein Vogel trillert, pfeift, zwitschert. Es klingt wie ein Selbstgespräch. Ich sehe zu Ludwig zurück.

»Das ist eine Nachtigall, oder?«

Ich habe keine Ahnung von Vögeln, ich kann nur Krähen, Amseln, Spatzen und Tauben unterscheiden. Vögel, die sich mit der Stadt arrangiert haben, die Krümel vom Tisch im Café klauen oder in S-Bahnhöfen mit Maschendraht davon abgehalten werden zu nisten. Die Furchtlosen. Und wenn ein Vogel am Abend singt, dann muss es eine Nachtigall sein. Oder?

Ludwig lächelt. »Nein. Das ist eine Singdrossel.«

»Du kannst ihre Stimmen auseinanderhalten?«

Er zuckt mit den Schultern. Irgendwie habe ich gedacht, Jäger kennen sich nur mit großen Tieren aus. Mit denen, die sie jagen. Ich spüre, wie mir die Hitze ins Gesicht steigt. *Wie dumm.* Ludwig bemerkt es, nimmt meine Hand und zieht mich leicht zu sich hin, ich schiebe mich an ihn, unter seinen Arm. Die Singdrossel trillert.

»Was hat sie?«

Ludwig lächelt. »Was hat *er*! Es ist ein Männchen, das noch kein Weibchen gefunden hat. Letzter Versuch.«

Er sagt es so lieb, dass ich ihn küssen muss. Ludwig küsst mich zurückhaltend zurück.

»Was ist?«, flüstere ich.

»Ich weiß nicht ... es ist nur ... ich habe noch nie ein Mädchen auf einem Hochsitz geküsst.«

»Wirklich nicht?«

Irgendwie kann ich das nicht glauben, es ist doch der beste Ort dafür. Doch dann verstehe ich. Es sind zwei Dinge, die Ludwig vorher nie vermischt hat: die Jagd und die Liebe.

Ich muss an den Abend denken, als ich ihn im *Gretchen* getroffen habe. Jetzt wird mir klar, dass ich ihn vom ersten Moment an gemocht habe, mich sofort verliebt habe.

Wir küssen uns wieder, doch plötzlich erstarrt Ludwig und bewegt sich zu einem der Sichtschlitze, als hätte er etwas gehört. Er legt den Finger an die Lippen. Ich schiebe mich wieder sehr vorsichtig aus dem Sitz auf die Knie und zu ihm heran. Er reicht mir sein Fernglas, aber ich sehe sie auch so. Eine Gruppe von Rehen, die auf die Lichtung getreten ist. Sie stehen locker zusammen und fressen Gras.

Hochsitze stehen an Lichtungen, weil sich dort abends das Wild trifft, hat Ludwig mir erklärt. Diese Rehe sind Freunde. Freunde, die gemeinsam herumziehen, essen, vielleicht auf der Suche nach einem Partner. Sie kommen abends heraus genau wie wir, wenn wir auf Partys oder ins Kino gehen. Doch ich sollte Tiere nicht mit Menschen vergleichen. Alle tun es ständig, aber immer nur dann, wenn es passt. Denn wenn man sie tötet und isst, dann vergleicht man sie nicht mehr mit Menschen, dann sind sie auf einmal etwas ganz anderes.

Die Rehe sind wunderschön. Aufmerksam und gleichzeitig voller Vertrauen, dass ihnen nichts passieren kann. Kein bisschen ängstlich. Sie würden erst rennen, wenn man sie erschrecken würde. Mit einem Schuss oder einem lauten Geräusch.

»Sie sind wunderschön«, flüstere ich.

Ludwig nickt. Ein Vogel keckert aufgeregt los, und Ludwig deutet auf das andere Ende der Lichtung, an der ein Fuchs auftaucht. Er trägt eine Maus im Maul. Für einen Moment erstarrt er, als ob er auf ein Zeichen warten würde, dann verschwindet er.

»Wow!«, forme ich mit meinen Lippen. Ludwig lächelt leicht amüsiert. Okay, ja, für mich ist das neu. Und aufregend.

Den Rehen war der Fuchs egal, aber das Geräusch eines Flugzeugs scheucht sie auf, und sie springen wieder in den Wald.

»Was nun?«, frage ich.

Ich streiche über meine Arme, hier im Hochstand ist es kühler als draußen.

»Frierst du?«

»Nein.« Es ist nur die Aufregung.

Ludwig öffnet trotzdem seinen Rucksack und holt einen Pullover heraus, doch mich interessiert nur die Thermoskanne, die ich aufblitzen sehe.

»Hast du Proviant dabei?«

Er zieht eine Picknickdecke aus dem Rucksack.

»Ich dachte, du hast vielleicht Hunger.«

Ich nehme alles, was ich mitgenommen habe, aus dem Rucksack. Marie freut sich wie ein Kind.

»Wow, so viel.«

Fast ein richtiges Picknick. Ich breite Obst, Nüsse und Kekse auf der Picknickdecke aus und gieße uns Tee ein.

»Ich weiß nicht, ob die Kekse vegan sind«, fällt mir ein. Ich nehme die Packung. »Butterkekse. Verdammt.«

Sie lächelt. »Ich werde schon nicht verhungern. Notfalls sammle ich Beeren.«

Ich muss grinsen. »Lieber nicht. Denn wie ich das einschätze, vergiftest du dich sofort.«

»Hey! Ein bisschen kenne ich mich schon aus!«

»Ach ja?«, sage ich und zeige vom Hochstand auf einen Strauch mit grünen und schwarzen Beeren auf der Lichtung. »Essbar?«

Marie schnappt sich das Fernglas.

»Ich würde sagen«, überlegt sie, »die Beeren sehen gut aus. Also: essbar.«

Ich habe noch nie jemanden getroffen, der sich so wenig mit der Natur, mit Pflanzen und Tieren auskennt. Man merkt, dass Marie in der Stadt groß geworden ist. Sie hält sogar eine Singdrossel für eine Nachtigall.

»Ich schlage vor, du isst im Notfall besser die Butterkekse.«

Sie sieht mich mit großen Augen an. »Ha, ha. Du denkst wohl, du kannst mir alles erzählen.«

Ich grinse. »Ja. Genau das ist das Problem.«

»Das gibt Ärger.« Sie stürzt sich auf mich. »Los, sag' schon! Kann man die essen?«

Wir rangeln, aber mittlerweile kenne ich ihre Tricks. Oder dachte es zumindest. Denn sie kitzelt mich unter den Rippen, ich spüre die Verletzung und muss gleichzeitig so lachen, dass ich unkontrolliert zucke und mit dem Fuß gegen den Teebecher stoße. Er schleudert hoch und spritzt auf Maries T-Shirt. Sie lässt mich los und verzieht das Gesicht.

»War er heiß?«, frage ich besorgt, bis ich merke, dass sie mich nur hereinlegt hat und das Überraschungsmoment nutzt, um mich mit ihrem ganzen Gewicht zu Boden zu drücken. Die Nässe ihres T-Shirts dringt durch mein Hemd, ich spüre ihre Brüste, die Erregung überkommt mich so schnell, dass ich nach Luft schnappe. Sie richtet sich wieder auf und sieht zu mir hinunter.

»Los! Sag's, oder ich kitzle dich weiter.«

Maries Nähe verwirrt und erregt mich zugleich. Ich lege meine Arme nach oben über den Kopf. »Ich ergebe mich: Es ist Tollkirsche.«

»Und?«, sagt Marie und sieht mich erwartungsvoll an. Sie hat echt keine Ahnung.

»Total giftig.«

Sie seufzt und lässt sich auf mich sinken, ihr Ohr auf mein wild schlagendes Herz.

»Ich kenne mich überhaupt nicht aus«, flüstert sie leicht frustriert. »Ich könnte im Wald nicht überleben.«

»Keine Angst. Du hast ja mich.«

Sie fährt hoch. »Ich bin also abhängig von dir? Nein, nein, nein, ich werde das alles lernen.«

Die Abendsonne scheint auf ihr Gesicht. Ich liebe diese Zeit des Tages, wenn die Sonne tiefer steht.

»Das mit dem Tee tut mir leid. Soll ich dir ein T-Shirt von mir geben?«

Ihr Blick verändert sich.

»Nein, geht schon«, sagt sie, lächelt und zieht sich ihr Shirt mit einer einzigen Bewegung über den Kopf. *Wow*. Wie damals am See stört es sie nicht, dass ich sie dabei ansehe. *Wie schön sie ist.*

»Und dein Hemd hat auch etwas abbekommen«, sagt sie und knöpft es langsam auf. Erst da verstehe ich, dass es ein Spiel ist, unser Spiel. Sie öffnet einen Knopf nach dem anderen, als wäre es eine wichtige Angelegenheit. Als sie fertig ist, schlägt sie das Hemd auseinander, legt eine Hand auf mein Herz und sieht mich an. Und wartet. Auf einmal ist alles klar. Obwohl ich unter ihr liege, weiß ich, dass ich nun die Führung übernehmen werde. Und das will ich. Ich bin aufgeregt, das hier ist neu für mich, und trotzdem fühlt sich mit Marie alles vertraut und richtig an.

»Wir haben unser Versprechen gehalten«, sagt Marie, und ich weiß, was sie meint: Wir haben es allen gesagt, alle wissen Bescheid. Nichts hält uns mehr auf. Ich drehe mich zur Seite, Marie gleitet neben mich und liegt in dem goldenen Licht, das durch die Ritzen des Hochstands auf ihren Körper fällt. Ich bewundere ihre Schönheit, die sanften Kurven, ihre Haut, die viel zu zart für meine rauen Hände ist. Ich war noch nie so nah bei einem Mädchen. Vorher gab es nur Küsse, obwohl ich weiß, dass Marie das nicht glauben wird. Ich wundere mich selbst, wie natürlicher es mit ihr ist, genauso, wie ich es mir vorgestellt habe. Ich ziehe ihr und mir ein Kleidungsstück nach dem anderen aus. Die Shorts, meine Jeans, ihren Slip, meine Boxers. Bis wir beide nackt sind und aufatmen, weil wir das schon so lange wollten. Marie schaut mich fragend an, als ich innehalte, neben ihr liegen bleibe, ohne mich auf sie zu schieben, denn ich brauche einen Moment. Nicht, weil ich aufgeregt oder ängstlich bin, und obwohl ich so erregt bin, sondern einfach weil ich weiß, dass die Sonne gleich untergehen und das Licht sich ändern wird und ich ihren Anblick noch einen Moment genießen will.

»Ich habe dich vermisst«, sage ich leise.

»Ich habe dich noch viel mehr vermisst.«

Sie legt ihre Hände leicht um meinen Hals, und als ich mich über sie beuge, verschwindet die Sonne hinter den Bäumen, und die

Dämmerung setzt ein. Es ist der Moment, in dem ich weiß, dass wir hierbleiben werden. Uns lieben werden, die ganze Nacht bis zum Morgen und von da an für immer.

– Marie –

Am Nachmittag auf dem Hof gab es noch diesen kleinen Rest von Bedenken oder Misstrauen zwischen uns, doch all das löst sich auf, als wir zusammen im Wald sind, auf den Hochstand steigen, endlich allein sind. Sich unsere Blicke immer tiefer ineinander versenken, das Licht sich ein letztes Mal über Ludwigs Schultern ausbreitet und dann höflich verabschiedet, wie ein Gast, der nicht weiter stören will, und erst am Morgen wiederkehren wird.

Ich war noch nie in der Nacht im Wald. So nah bei den Tieren, dem Geruch, dem Atmen der Bäume. Hier, in diesem Hochsitz, verstehe ich Ludwig erst richtig. Seine ruhige Art, sein Zögern. Nicht, weil er Zweifel hat, sondern Respekt. Vor der Natur und vor mir, meinem Körper, dem Augenblick, in dem er in mich eindringt. Es ist nicht mein erstes Mal. Abgesehen von dem Mal mit Timo habe ich oft versucht, Sex leicht zu nehmen, als einen Spaß anzusehen, ein schnelles Vergnügen, aber das war es nie. Weder Vergnügen noch Spaß, eher Stress. Doch jetzt ist es anders. So muss es sein, denke ich, als Ludwig sich in mir bewegt, darauf bedacht, sein Gewicht nicht zu stark auf mir abzulegen und gleichzeitig immer mehr loslässt, wir uns gemeinsam ineinanderfallen lassen. So will ich geliebt werden und ihn zurücklieben, so offen und stark zugleich.

»Alles okay?«, flüstert er.

»Sogar sehr.«

Ich mag, dass er die Verantwortung für die Verhütung ganz selbstverständlich übernommen hat, an ein Kondom gedacht hat und noch nicht mal gefragt hat, ob ich die Pille nehme. Natürlich nicht, keine künstlichen Hormone. Und ich mag, dass er sich Zeit lässt, obwohl ich spüre, wie erregt er ist, und irgendwie mag ich auch das, ihn so konzentriert zu sehen, während ich loslassen kann, mich immer weiter entspanne. Bis mich eine Welle der Lust hochpeitscht, mein Becken sich ihm entgegenschiebt, ich die Augen schließe und seinem Rhythmus vertraue. Anders als die Jungen vorher achtet er auf mich und meine Bewegungen, führt mich und lässt sich führen, hebt mich und lässt sich fallen, als wäre ich Wind und er Wasser oder ich Feuer und er Erde und der Orgasmus ein Sturm, der uns beide mitreißt. Ein Höhepunkt aber, nicht das Ende oder ein Ziel, sondern der Moment, an dem wir diese unglaubliche Euphorie erleben und dann zur Ruhe kommen.

Ludwig legt seinen Kopf sanft neben meinen, seinen Mund still an mein Ohr. Er muss es nicht fragen oder es aussprechen, weil wir es beide wissen. Als ob die Antwort hier mit uns liegt, formt er es mit seinen Lippen, und ich sage es lautlos zurück. *Ich liebe dich.*

Irgendwann hat der Himmel seine Farbe verändert, das Licht nimmt ab, doch so richtig habe ich es nicht mitbekommen. Ludwigs Augen sind mein Licht, mein Himmel, unsere Körper meine Welt. Eng umschlungen weiß ich nicht, wo er aufhört und ich anfange.

»Du frierst«, sagt Ludwig, obwohl ich es nicht spüre, sondern erst, als er sich aufrichtet, den Schlafsack holt und über mich ausbreitet. Er zündet das Windlicht an und hängt es nach oben an einen Haken, und auf einmal sehe ich ihn hier sitzen, früh am Morgen oder spät am Abend, allein im Wald.

»Bist du oft hier?«

Er nickt, mehr nicht. Ich ziehe ihn unter die Decke, wärme mich an seiner Haut. Ludwig hält mich, beschützt mich auf eine altmodische Art und lässt mir gleichzeitig genug Raum.

»Wir bleiben hier«, sage ich, und er nickt.

Kurz darauf schlafe ich ein und träume wild und aufregend, als würden die Informationen dieses Ortes auf mich einstürzen und mich immer tiefer in eine neue Welt ziehen.

Erst mitten in der Nacht wache ich das nächste Mal auf. Das Windlicht brennt noch, draußen ist es dunkel, aber der Mond scheint hell über der Lichtung. Ludwig schläft eingerollt neben mir. Ich muss pinkeln, aber alleine getraue ich mich nicht im Dunkeln vom Hochstand zu steigen, also schlüpfe ich zurück unter den Schlafsack und schlafe wieder ein.

Als ich das nächste Mal aufwache, lässt mein Körper nicht mehr mit sich diskutieren. Ein menschliches Bedürfnis, ich muss diesen Hochstand dringend für einen Moment verlassen. Zum Glück dämmert es schon leicht, und obwohl der Wald der gleiche wie in der Nacht ist, sieht er nun freundlich und einladend aus. Ich schlüpfe in meine Shorts und angle mir einen von Ludwigs Pullovern. Er ist mir zu groß, die Ärmel hängen über meine Hände, und der Saum reicht fast bis über meine Shorts, aber ich mag, dass er nach Ludwig und Aftershave riecht und ich mich sicher fühle, als ich die Leiter nach unten steige. Ich will mich eigentlich nur unter den Hochsitz hocken und dann gleich wieder nach oben steigen, aber als ich mich aufrichte, steht direkt vor mir ein Reh auf der Lichtung. Ich erstarre, halte sogar den Atem an, um das Tier nicht zu erschrecken.

Als es zurück in den Wald springt, habe ich fast das Gefühl, das alles nur geträumt zu haben. Jede Minute wird es heller. Ich mache ein paar Schritte auf die Lichtung zu. Hier steht die Tollkirsche. Ludwig hat mir erzählt, er hat viele Sträucher gepflanzt, weil er dachte, er würde irgendwann in den Wald ziehen und könnte sich dann hier selbst versorgen. Nicht mit Tollkirschen, aber Heidelbeeren. Ich muss lächeln, wenn ich an den zwölfjährigen Ludwig denke, der einen so verrückten Plan hatte. Es stimmt, ich bin für Naturschutz, aber mit der Natur kenne ich mich nur sehr schlecht aus.

Hinter der Lichtung beginnt ein dichteres Waldstück, doch in der Entfernung sehe ich eine neue Lichtung, etwas weiter entfernt, auf die schräg die Sonne scheint. Ich muss länger laufen, als ich dachte, und ich bereue, dass ich mir keine Schuhe angezogen habe. Als ich da bin, sehe ich nach oben, drehe mich in der Sonne. Der Ort sieht so verwunschen aus, als könnten jeden Moment Feen oder andere Fantasiewesen auftauchen. Erst dann sehe ich auf den vermoosten Boden. Ein grüner Teppich, auf dem ein verbogener Ast liegt. Ich gehe näher, um ihn genauer zu betrachten, dann erkenne ich, dass es der eine Teil eines Geweihs ist. Ich weiß, dass die Hirsche ihre Geweihe verlieren oder abschlagen, aber so richtig glauben kann ich es wohl erst jetzt. Es ist nur ein Teil, irgendwo muss also der zweite Geweihteil liegen.

Ich sehe mich um und finde ihn schließlich etwas weiter im Wald. Wie symmetrisch die Natur arbeitet. Wie perfekt. Meine Brüder fallen mir ein. Gleich und doch nicht gleich.

Ich gehe zurück zu dem ersten Geweihteil, denn nur zusammen machen sie wirklich Sinn. Beide Teile haben ein gutes Gewicht, ein prachtvoller Kopfschmuck. Ich hebe das Geweih hoch. Die Vorstellung, meinen Fund Ludwig zu zeigen, macht mich ganz nervös. *Meine Entdeckung*. Ich setze mir beide Teile auf den Kopf und versuche mir vorzustellen, ich wäre ein Hirsch. Ich wäre stolz auf diese Krone, mit der ich mich gleichzeitig verteidigen könnte. Ich lege das Geweih wieder auf den Boden, betrachte es. Eine Waffe, die der Hirsch abgelegt hat. Wie Ludwig seine Waffe niedergelegt hat.

Ich drehe mich zur Sonne, schließe die Augen. Lichtblitze flackern hinter meinen Lidern, Gedanken schießen mir durch den Kopf. Ich bin froh, dass Ludwig nicht mehr jagen will. Weder Hirsche noch Rehe, noch andere Tiere. Er es mit seinen Eltern besprechen wird, in Ruhe, weil wir eine neue Generation sind und den nächsten Schritt machen. Ob es bald noch Jäger gibt? Vielleicht gibt es andere und bessere Methoden, den Wald zu schützen. Auf einmal ist es ganz klar: Die Jagd ist im Grunde der Traum von einer früheren, einer heileren Zeit, als die Menschen hier um ihr Überleben gekämpft haben und die Tiere ihre Nahrung waren. Ihre Konkurrenten im Überlebenskampf, die sie erlegen mussten. Ich öffne die Augen. Doch das ist längst vorbei. Wir haben diesen Kampf schon vor langer Zeit gewonnen. Jetzt müssen wir die Tiere schützen. Wir …

– Ludwig –

Ein Knall. Ich schrecke hoch und sehe mich schlaftrunken um. Wenn ich früher im Hochsitz übernachtet habe, während meine Eltern dachten, dass ich ganz friedlich in meinem Bett liege, war ich immer allein. Auch am Morgen. Natürlich. Daher wundere ich mich im ersten Moment nicht, als ich aufschrecke und Marie nicht neben mir liegt. Ich frage mich nur, was mich aufgeweckt hat? *Ein Schuss*, sagt eine Stimme in mir, die wacher und aufmerksamer ist. *Ein Schuss?* Mit der Erkenntnis kommt die Erinnerung zurück, ein Wahrnehmen meines Körpers, der Muskelkater in meinen Lenden, die Lust.

Wo ist Marie?

Ihre Shorts sind weg und ein Pullover, aber die Tasche ist da und ihr Handy. Sie kommt gleich zurück. *Oder?*

Ich richte mich ganz auf, sehe aus dem Hochstand in alle Richtungen – nichts. Ich kenne den Wald und die Stimmung, wenn Jäger unterwegs sind. Als ob alle Lebewesen es wüssten und wahrnehmen würden: *Sie sind da.* Daher ist es nicht gut, wenn Marie da draußen ist und sich nicht auskennt. Ich beuge mich weit aus dem Hochstand.

»Marie!«

Keine Antwort. *Warum meldet sie sich nicht?*

Ich steige in die Jeans, ziehe einen Pullover über, die Turnschuhe an, runter vom Hochstand. Fast hoffe ich, dass sie hier hockt und ich mich nur ein wenig lächerlich gemacht habe. Doch nichts. Ich schließe die Augen, mein Puls pocht in meiner Halsschlagader. *Denk nach.*

»Marie!«

Ich brülle so laut, dass ich mich selbst erschrecke. Ist das nötig? Sie wird in der Nähe sein. Und wenn hier Jäger sind, werden sie mich hören und vorsichtig sein. Doch es gibt keinen weiteren Schuss, und auf einmal bezweifle ich, dass es überhaupt einen gab. *Ist sie weggegangen?* Warum? Ich laufe betäubt ein paar Meter auf dem Weg nach Hause, dann drehe ich um. *Sie würde nicht gehen. Nicht einfach so.*

Zurück am Hochstand tue ich das, was ich sofort hätte tun sollen: Ich suche nach Spuren. Zurückgetretenes Gras, zur Seite gebogene Büsche, ein Fußabdruck im weichen Waldboden. Wenn ich unseren Hund dabeihätte, könnte ich ihm das T-Shirt von Marie unter die Schnauze halten, er würde sie aufspüren. Doch sogleich schießt mir das Blut in den Kopf vor Scham, wenn ich mir vorstelle, wie er sie finden würde, vielleicht Blumen pflückend auf einer Lichtung. Wie falsch das wäre. Marie ist kein Tier, keine Beute. Ich forme meine Hände zu einem Trichter.

»Marie?«

Warum antwortet sie nicht? Ist sie nicht in der Nähe? Aber warum sollte sie so weit weggehen? *Das macht keinen Sinn.* Manchmal weiß man Dinge, ohne sagen zu können, warum. Ich weiß, dass Marie in der Nähe ist, ich weiß, dass etwas passiert ist. Und während mein Kopf mir einzureden versucht, dass es eine ganz einfache Erklärung gibt, flimmert die Angst in meinem Magen, breitet sich aus, lähmt meine Beine. Auch die Stimme wird heiser.

»Marie?«, krächze ich, drehe mich um mich selbst und stürze dann planlos weiter. Eine Ahnung, ein dunkles Gefühl. Ich ziehe Kreise um den Hochsitz, so habe ich es gelernt, den Radius erweitern, weil man so systematisch suchen kann. In Wirklichkeit weiß ich längst Bescheid. Niemand verschwindet einfach im Wald. Als Kind habe ich davon geträumt, dass ich mit Tieren sprechen kann, sie mir den Weg durch den Wald zeigen, mich zu ihrem Bau führen. Warum führt mich niemand zu Marie?

Ich bleibe stehen, sehe mich um. Die zweite Lichtung liegt direkt vor mir. Hier steht kein Hochsitz, ich mag den Ort. Hier bin ich oft gewesen, habe mich hingelegt und in den Himmel gesehen. Jetzt sehe ich zu Boden und renne dann los. Schlage mich durch die Büsche, hoffe, dass ich mich geirrt habe. Im ersten Moment denke ich, sie schläft. *Sie ist nur in Ohnmacht gefallen. Das passiert ihr öfter.* Doch je näher ich komme, desto unwahrscheinlicher ist das. Ihr verrenkter Körper, die unnatürlich nach oben ausgebreiteten Arme.

Wenn Jäger ein Tier erlegen, dann laufen die Hunde vor und schlagen an, töten das Tier notfalls endgültig, falls es noch lebt. Wir Jäger folgen dem Hund und können uns auf den Tod vorbereiten. Das Leben ist verschwunden, wir finden eine geklärte Situation vor. Wir wünschen uns, dass das Wild tot ist, gut erlegt, es nicht gelitten hat und sofort gestorben ist. Das alles schießt mir durch den Kopf, denn diesmal ist es anders. Egal, was passiert ist, ich hoffe nur, Marie lebt. Ich hoffe, es gibt eine Chance und genug Zeit, ihr zu helfen. Ich hoffe, es ist nichts, nur eine Ohnmacht oder Bewusstlosigkeit, aus der ich sie einfach zurückholen kann. Gestolpert, gefallen, eine Kleinigkeit.

Doch als ich bei ihr ankomme, sehe ich es sofort. Der Tod ist seltsam, er existiert eigentlich nicht. So wie der Schatten, der nur eine Abwesenheit von Licht darstellt, ist der Tod die Abwesenheit von Leben. Ich weiß, wie es ist, wenn das Leben einen Körper verlassen hat. Als ob eine Aura verschwunden wäre, die einen Körper sonst beleuchtet und durchflutet. Ich knie neben ihr nieder, drehe ihren Körper sanft etwas zur Seite und sehe das sich kreisförmig ausbreitende Blut auf ihrem Pullover. Auf meinem Pullover. *Nicht das Herz!*

Nein, nein, nein. Als würde ich die Phasen des Verlustes in Sekunden erleben, so wie es uns die Psychiaterin damals erklärt hat, als Conrad gestorben ist. *Verleugnen.* Weil es keinen Sinn macht. *Das darf nicht sein. Wut.* Die wie eine heiße Welle durch meinen Körper rauscht. *Wer war das?* Ein Jäger? Wo ist er? Hat er noch nicht einmal gemerkt, was passiert ist? Ein Blindschuss, ein Irrtum? Ich sehe mich um, als könnte der Schütze noch irgendwo im Gebüsch hocken, dabei weiß ich, es war ein Fernschuss. Wenn ich mich nicht weigern würde, darüber nachzudenken, könnte ich die Entfernung abschätzen. Ich küsse sie, lege meine Lippen auf ihren Mund und ignoriere ihre weit geöffneten Augen. Vielleicht ist es nicht so schlimm, ein Durchschuss, sie kann gerettet werden. *Verhandeln.* Meine Finger tasten nach ihrer Halsschlagader. So stellt man den Tod fest. *Aber da ist doch noch Wärme.* Wenn sie nicht tot ist, werde ich besser leben, mich einsetzen, etwas ändern. Ich werde ein besserer Mensch, ich werde immer glücklich sein, ich werde den Wald schützen, ich werde … *verhandeln.*

Ich wollte sie beschützen, es ist mein Wald, es ist meine Verantwortung. Und während ich das denke, weiß ich, dass mein Verstand sich nur damit beschäftigt, um die Wahrheit, den Schmerz, die Erkenntnis nicht zuzulassen: *Marie ist tot.* Erschossen von irgendwem, ein verirrter Schuss, die können kilometerweit fliegen. Zufällig, aber endgültig. Ich spüre, wie sich mein Hals zuschnürt, der Brustkorb eng wird, alles an mir schmerzt. *Wenn das Leben den Körper verlassen hat, beginnt das Beseitigen der Spuren.* Aber ich bin diese Spur in ihrem Körper. Ich bin – in ihr. Alles, was ich bin, ist in ihr, dort aufgehoben.

Ich kenne das Gefühl, die dunklen Stunden, doch diesmal werden es nicht Stunden bleiben oder Tage. Ich weiß, diesmal wird es nicht aufhören. Und weil ich sie nicht hier liegen lassen und auch nicht weggehen kann, weil ich nicht weiß, wie ich das aushalten soll, lege ich mich zu ihr, beschütze sie, als würde das jetzt noch Sinn machen. Warte auf eine Entscheidung.

Die vertraute Dunkelheit legt sich über mich. Der Wunsch, nicht mehr zu sein. Doch diesmal ist es anders. Diesmal bin ich nicht allein, sondern bei ihr. Und da will ich bleiben. Meine Hand fährt zum Gürtel, findet das Messer. Früher konnte ich nie handeln, wenn mich die Verzweiflung lähmte. Doch jetzt ist es ganz klar. Ich will bei ihr sein. Für immer.